玩转"电商营

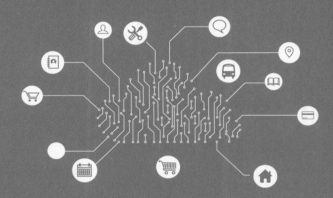

一本书读懂
物联网

黄建波　编著

第3版

清華大學出版社

北 京

内 容 简 介

本书是《一本书读懂物联网》的升级版，通过17个行业领域的应用、50多个精彩案例的分享、170多个知识点的讲解，帮助读者快速读懂、玩转物联网。

本书的特点：一是干货多，把物联网的基础知识、发展情况、基本框架、体系组成、发展结构、行业应用以及案例介绍等详细地呈现出来，并进行了具体的分析；二是全面、新颖，对各大物联网案例、物联网产品等知识的介绍进行了更新；三是更注重实际应用，对物联网的应用领域进行了补充和完善，包括工业、农业、电网、物流、交通、医疗、环保、安防等热门领域。

本书结构清晰，对物联网的相关要点介绍得详尽、透彻，适合物联网专业相关院校的学生、从事物联网行业的工作人员、想要借助物联网实现梦想的创业者，以及对物联网、新兴产业、先进技术感兴趣的人士阅读。

图书在版编目(CIP)数据

一本书读懂物联网 / 黄建波编著. —3版. —北京：清华大学出版社，2021.7
(玩转"电商营销+互联网金融"系列)
ISBN 978-7-302-58740-8

Ⅰ.①一… Ⅱ.①黄… Ⅲ.①物联网—基本知识 Ⅳ.①TP393.4 ②TP18

中国版本图书馆CIP数据核字(2021)第140459号

责任编辑：张　瑜
封面设计：杨玉兰
责任校对：李玉茹
责任印制：宋　林
出版发行：清华大学出版社
　　　　网　　　址：http://www.tup.com.cn，http://www.wqbook.com
　　　　地　　　址：北京清华大学学研大厦A座　　　　　邮　　　编：100084
　　　　社 总 机：010-62770175　　　　　　　　　　邮　　　购：010-62786544
　　　　投稿与读者服务：010-62776969，c-service@tup.tsinghua.edu.cn
　　　　质量反馈：010-62772015，zhiliang@tup.tsinghua.edu.cn
印 装 者：小森印刷霸州有限公司
经　　销：全国新华书店
开　　本：170mm×240mm　　　印　张：18.75　　　字　数：300千字
版　　次：2015年3月第1版　2021年8月第3版　　　印　次：2021年8月第1次印刷
定　　价：79.00元

产品编号：090350-01

前言

　　市场上关于物联网的书籍较多，但是内容上大多不够新颖，或者不够全面。本书是一本内容翔实的物联网实战宝典，相比第 2 版，本书在知识、产品介绍以及内容方面有所更新。内容上集众家所长于一体，做到差异创新，尤其是书中关于物联网在各个行业领域的特色应用，是笔者潜心收集并整合最新资料提炼出来的。通过系统而翔实的讲述，希望能够为读者带来实质上的帮助，为读者玩转物联网贡献出一分力量。

　　本书主要分为技术应用线与行业案例线，如下图所示。

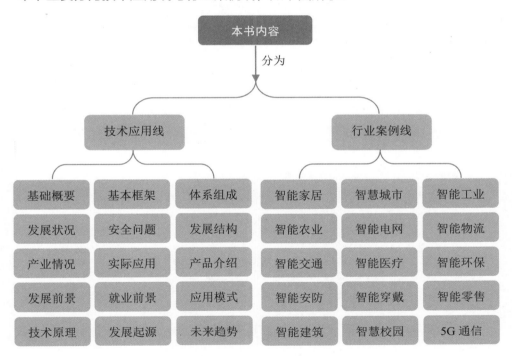

　　本书以介绍移动物联网时代的智能化发展与应用为核心目标，帮助企业或个人快速了解并掌握物联网的基础知识、技术构成和行业应用等内容为根本出发点，全书深

度地剖析了物联网的基本概念、关键技术、发展现状、未来趋势以及行业应用等方面的内容。

　　本书由黄建波编著，参与编写的人员还有明镜等人，在此表示感谢。由于作者知识水平有限，书中难免有不妥和疏漏之处，恳请广大读者批评、指正。

编　者

目 录

第1章
物联网基础知识详解

学前提示

在科学技术日益发达的今天，互联网技术的应用已经不是什么新鲜事，那么物联网呢？作为当下智能家居开发以及智慧城市建设的中坚力量，物联网将应用于各个领域，并引领人们进入更加智能化的时代。

1.1 初步了解：物联网概况

【场景1】早晨醒来，你刚睁开眼睛，轻轻一动，一刹那，房间的窗帘便自动拉开了，清晨的阳光洒了进来，天气预报自动告诉你今天会是个好天气。你起床之后，走到了咖啡机前，这时咖啡机刚刚煮好一杯香喷喷的咖啡。吃过早餐之后，你便开着车出门上班了。

【场景2】早晨上班高峰期车辆很多，你是否经常眼看着前面拥堵的、长长的车队，却丝毫没有办法？

现在只要拿出手机，就可以实时实地查询路况信息，甚至只要输入起始点，你的手机就会告诉你走哪条线路最节省时间，并且，也不用担心到了公司找不到停车位。因为早在你到达公司之前，你的手机就已经告诉你哪个地方有停车位了！

【场景3】已经是中午了，突然，手机向你发出警报，告诉你你的家正遭受入侵。你立即点开实时监控系统，发现其实只是一只流浪猫在你家门前徘徊。然后你发现早上出门的时候没有把门窗关好，于是你轻轻一点手机，家里的窗帘便自动拉上了，门窗也自动关上了。于是，你放心地继续上班。

【场景4】下午的时候，你的朋友突然打电话来，说想起有一件东西落在你家里了，非常着急用，但是你现在不在家，该怎么办呢？

你告诉朋友，没关系，让朋友直接去你家，你会帮他开门的。于是，当你通过视频看到朋友已经到了家门口时，你轻触手机，门便开了。然后你告诉朋友东西在哪里，让他自己去找。朋友在对你"可以思考"的智能家居表示惊讶之时，拿了东西心满意足地走了。

【场景5】结束了一天的忙碌工作，这时你准备下班回家了。你想回家就能洗个热水澡，洗去一身的疲惫，然后再悠闲地吃晚餐。你想起来自己早上已经把米放进电饭煲里了，于是通过一键设置，你会发现回到家时，你想的这一切智能家居都已经帮你做到了。

看到这里，你有没有觉得很神奇呢？你是否在想：如果这是真的该多好啊！其实这些场景早已不是天马行空的想象，也不是痴人说梦，通过物联网，这些都会变成现实。那么，什么是物联网呢？

1.1.1 什么是物联网

物联网（Internet of Things，IoT）是指利用各种设备和技术，实时采集各种需要的信息，通过网络实现物和物、物和人的广泛连接，以及对物体和过程的智能化感知、识别与管理。

物联网其实就是万物互联的意思，它不仅是对互联网的扩展，也是互联网与各种信息传感设备相结合形成的网络，能够实现任何时间和地点的人、机、物三者的相互连接。

通过以上对物联网的阐述，笔者表达了两层含义：一是物联网的核心和基础依旧是互联网，是在互联网的基础上进行延伸和扩展的网络；二是从用户端和人延伸到了人、机、物，并在这三者之间进行信息交换和通信。

物联网的概念来源于传媒领域，在物联网的应用中有 3 个关键层，即感知层、网络层和应用层，关于其详细内容笔者会在后面的章节为大家介绍。

随着物联网的不断发展，目前的物体需要满足以下条件才能被纳入物联网的范畴，如图 1-1 所示。

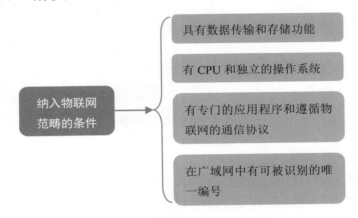

图 1-1　纳入物联网范畴的条件

物联网几乎涵盖了所有的先进技术，如 RFID 技术、IPv6 技术以及云计算等，可以说是各种技术的集大成者。如图 1-2 所示，为物联网各层次所包含的技术。

感知层	传感器技术、射频识别技术、二维码技术、微机电系统、音视频采集技术
终端系统层	包括物联网芯片，如MCU以及物联网操作OS
汇聚层	传感网自组网技术、ZigBee、UWB、Bluetooth等近距离通信技术，Wi-Fi、LAN等局域通信技术
传输层(网络层)	互联网、电信网、2G、3G、4G、5G、NB-IoT、LoRa、NGN等广域通信技术
数据存储层	主要是时序数据，如Tdengine和OpenTSDB等
应用层	云计算、数据挖掘、AI、高端软件

图 1-2　物联网各层次所包含的技术

物联网的本质特征主要有 4 个，如图 1-3 所示。

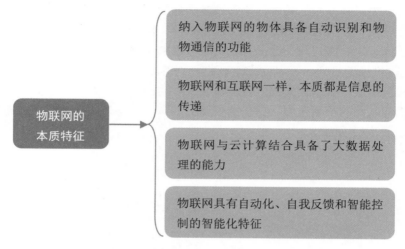

物联网的本质特征
- 纳入物联网的物体具备自动识别和物物通信的功能
- 物联网和互联网一样，本质都是信息的传递
- 物联网与云计算结合具备了大数据处理的能力
- 物联网具有自动化、自我反馈和智能控制的智能化特征

图 1-3　物联网的本质特征

1.1.2　互联网和物联网

互联网和物联网是继承和发展的关系，因为笔者在前面讲过，物联网是在互联网的基础之上发展起来的。互联网和物联网虽然只有一字之差，但是两者还是有一定区别的，具体内容如图 1-4 所示。

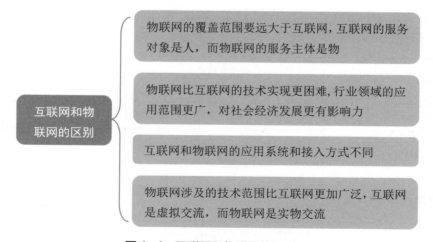

互联网和物联网的区别
- 物联网的覆盖范围要远大于互联网，互联网的服务对象是人，而物联网的服务主体是物
- 物联网比互联网的技术实现更困难，行业领域的应用范围更广，对社会经济发展更有影响力
- 互联网和物联网的应用系统和接入方式不同
- 物联网涉及的技术范围比互联网更加广泛，互联网是虚拟交流，而物联网是实物交流

图 1-4　互联网和物联网的区别

互联网向物联网的转变，是终端由计算机变成了嵌入式计算机系统和与之配套的传感器设备，这是信息科技发展的结果。只要硬件或物体连上网，进行数据

交互，都可以称之为物联网，比如穿戴设备、环境监控设备、虚拟现实设备等。

1.1.3 物联网的起源

"物联网"一词最早在比尔·盖茨（Bill Gates）于1995年创作的《未来之路》中出现，但因为当时的科技发展水平和条件落后，所以并未引起人们的关注。

1999年，Auto-ID在RFID（Radio Frequency Identification）技术以及互联网等基础上，首先提出了"物联网"的概念。同年，中国也提出了和物联网相似的概念，叫"传感网"，并启动了传感网的研发。

2005年11月，国际电信联盟在信息社会世界峰会上发布了《ITU互联网报告2005：物联网》，正式提出了"物联网"的概念。该报告预言："物联网通信时代即将来临，世界上所有的物体都可以通过Internet主动进行交换，RFID、传感器技术、智能嵌入等技术将得到更广泛的应用。"

1.1.4 影视中的物联网

在许多影视作品中，都依稀可见物联网技术的影子。下面笔者就来为大家介绍一些影视作品中物联网技术的体现。

1. 《豚鼠特工队》：动画片中的物联网

《豚鼠特工队》是2009年迪士尼出品的家庭动画片，讲述了一个秘密政府组织训练一群智能动物执行间谍行动，粉碎邪恶的亿万富翁试图控制全世界的计划。在这些受过高强度训练并武装了先进侦查设备的豚鼠中，有武器专家和武功高手，还有能够飞檐走壁的侦查员以及精通电脑和信息技术的斯贝克尔斯。

如图1-5所示，为豚鼠特工队队长达尔文。

图1-5　豚鼠特工队队长达尔文

电影中，科学家训练豚鼠说话与思考的这种高科技手段和豚鼠特工队在任务中表现出来的能力其实就是物联网技术的体现。

2. 《阿凡达》：物联网科幻电影佳作

故事发生在公元 2154 年，人类杰克接受实验，通过专门的连接设备"穿上"克隆的纳美人的躯壳，来到遥远的星球潘多拉，结识了当地的纳美族公主。在潘多拉星球和纳美公主相处的过程中，杰克改变了原先的看法，于是和纳美人一起加入了反抗人类采矿公司侵略的战争，并最终取得了胜利。

在电影中，通过实验将人类的意识和纳美人的身体相连接，就是利用物联网技术的原理。如图 1-6 所示，为电影《阿凡达》。

图 1-6　电影《阿凡达》

3. 《绝对控制》：个人隐私 VS 现代科技

《绝对控制》这部电影以现代智能家居的生活环境为背景，讲述了航空大亨拥有美满的家庭和顶级的全智能别墅，却因冷落和歧视 IT 男而遭到其报复和仇恨。IT 男利用高超的计算机技术跟踪他的女儿、监视他的生活。往日依赖的全智能家居和汽车系统如今却成了巨大的安全隐患，随着隐私的逐渐暴露，航空大亨和 IT 男的斗争和博弈就此开始。

如图 1-7 所示，为 IT 男正在监视航空大亨一家。

图 1-7　利用物联网技术进行监视

1.1.5 物联网的技术原理

物联网是在计算机互联网的基础之上的扩展。它利用全球定位、传感器、射频识别、无线数据通信等技术，创造了一个覆盖世界上万事万物的巨型网络，就像一个蜘蛛网，可以连接到任意角落，如图 1-8 所示。

图 1-8　物联网通信模式

在物联网中，物体之间无须人工干预就可以随意进行"交流"，其实质就是利用射频自动识别技术，通过计算机互联网实现物体的自动识别及信息的互联与共享。

射频识别技术能够让物品"开口说话"。它通过无线数据通信网络，把存储在物体标签中的有互用性的信息，自动采集到中央信息系统，实现物体的识别，进而通过开放性的计算机网络实现信息的交换和共享，实现对物品的"透明"管理。

物联网的问世打破了过去一直将物理基础设施和 IT 基础设施分开的传统思维。在物联网时代，任意物品都可与芯片、宽带整合为统一的基础设施，在此意义上，基础设施更像是一块新的地球工地，世界的运转就在它上面进行。

1.1.6 物联网的 4 大分类

物联网有 4 种类型，分别是私有物联网 (Private IoT)、公有物联网 (Public IoT)、社区物联网 (Community IoT) 和混合物联网 (Hybrid IoT)。

（1）私有物联网：一般表示单一机构内部提供的服务，多数用于机构内部的内网中，少数用于机构外部。

（2）公有物联网：是基于互联网向公众或大型用户群体提供服务的一种物联网。

（3）社区物联网：可向一个关联的"社区"或机构群体提供服务，如公安局、交通局、环保局、城管局等。

（4）混合物联网：是上述两种以上物联网的组合，但后台有统一运行维护实体设备。

1.1.7　物联网的应用模式

随着技术和应用的发展，特别是移动互联网的普及，物联网的覆盖范围发生了很大的变化，它基于特定的应用模式向着宽广度、纵深向发展，物联网开始呈现出移动化趋势。

在这里，"特定的应用模式"指的是它同其他的服务一样，存在着其应用方面的固有特征和形式。这类应用模式归结到其用途上来说，具体可分为 3 类，如图 1-9 所示。

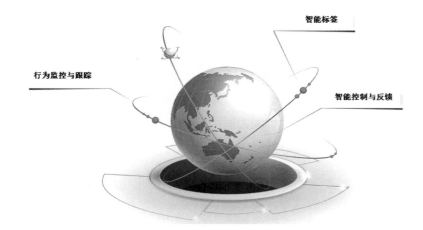

图 1-9　物联网的 3 种应用模式

关于物联网的应用模式，具体内容如下。

1．智能标签

标签与标识是一个物体特定的重要象征，在物联网时代，物体更是拥有二维码、RFID、条码等智能标签，如图 1-10 所示。

图 1-10　智能标签

通过以上智能标签，可以进行对象识别和获取相关信息，正因为如此，物联网领域的智能标签应用已经形成了一定的规模，得到了人们的广泛应用。

2．行为监控与跟踪

在如今互联网和物联网发展迅速的时代，社会中的各种对象及其行为都受到了来自通信技术的监控和跟踪。

其实，关于智能监控的生活场景已经可以说是屡见不鲜了，在移动传感器网络中更是时刻关注着社会环境中的各种对象。例如，噪声探头可以检测噪声污染；二氧化碳传感器可以检测大气中二氧化碳的浓度；GPS 技术可以监控车辆位置等。

3．智能控制与反馈

上面已经对物联网的对象识别和信息获取、对象的行为监控等作了介绍，在此基础上的物联网的下一步，就是根据传感器网络获取的数据信息，通过云计算平台或者智能网络，对这些应用作进一步的控制与反馈。

1.1.8 "E 社会"进入"U 社会"

"E 社会"(Electronic Society) 是互联网出现以后，特别是电子商务和电子金融出现以后，人类社会的各个组成部分，如个人、家庭、银行、行政机关、教育机构等，以遍布全球的网络为基础，超越时间与空间的限制，打破不同国家、地区以及文化障碍，实现彼此互联互通，以及平等、安全、准确地进行信息交流的社会模式。

网络传播的全球性、交互性、时效性等特性让人们越来越依赖于网络来安排生活。"E 社会"即在网络中构建了一个虚拟的社会，在"E 社会"中，能够实现任何人和任何人随时随地的通信与联系，如图 1-11 所示。

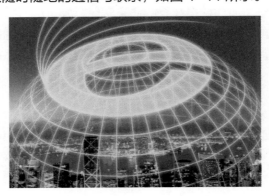

图 1-11   "E 社会"

大部分发达国家已完成由传统社会向"E社会"的转型，这些国家的电话普及率、互联网用户普及率以及计算机普及率均已超过50%。世界上大多数发展中国家正在向"E社会"过渡，少数发展中国家已完成了这个过渡。

那么什么是"U社会"呢？近年来，射频识别技术和无线传感网络在各个国家得到了飞速的发展和广泛的应用。为了能识别、观察、跟踪任何东西，需要在全社会建设和部署识别网络，而射频识别技术和无线传感网络则成了"U社会"里一种新的社会基础设施。"U社会"，即"泛在社会"，如图1-12所示。

图1-12 高级的"U社会"

马克·魏瑟（Mark Weiser）博士首先提出"泛在运算"（Ubiquitous Computing）的概念。泛在运算并非将基础技术全盘翻新，只是运用无线电网络技术，通过整合式无缝科学技术，让人们在不受时空限制的环境下享用资讯，使用起来更便利、更省时。与"E社会"相比，在"U社会"中，只多了一个把社会中所有物体变为通信对象的东西。

"U社会"的技术支撑着信息技术当前和未来的发展，将支撑社会"泛在"化。发达国家目前正在规划和有步骤地建设这种社会基础设施，以避免国家、地区、部门和单位间的重复通信。

如果把"E社会"叫作信息社会的初级阶段，则可将"U社会"叫作信息社会的高级阶段。完成工业化后的发达国家，大约用1/4世纪的时间就可以建成初级的信息社会，预计再用1/4世纪的时间，便可建成高级信息社会。

 专家提醒

　　物联网是当今时代的新兴技术，在生活中的各个方面已被广泛运用。物联网的核心技术就是传感设备和移动通信技术的结合，只要在物体里嵌入一个微型感应器，所有的物品便都可以"成活"。运用了物联网技术后，便可将社会带入"U社会"。

1.1.9 物联网的发展前景

物联网概念的出现，打破了人们过去的惯性思维。过去是将物理基础设施和互联网基础设施分开，而在物联网时代，是将两者整合成一个统一的整体。

目前，物联网快速普及的可能性尚难以轻易断定，但可以肯定的是，在当前的时代背景下，物联网将会是工业等多个行业信息化的突破口。因为 RFID 技术已经在多个领域和行业进行了闭环应用，物品的信息能够自动采集并联网，大大提高了管理效率。

因此，物联网和早期的互联网形态局域网一样，现在发挥的作用虽然不大，但其未来发展前景不容置疑。

这几年火热的智能家居，其原理就是通过网络来控制家电。可以想象，当物联网技术发展到一定阶段，家电可以与外网连接起来，通过传感器来传递电器的信息。这样厂家和售后就可以知道你家里电器的使用情况，从而提前判断电器故障，然后通知技术人员上门维修。

不过，由于技术瓶颈的限制，物联网并不能像当初互联网那样发展迅速，其需求性也没有那么强，正是这个原因，商业资本也没有持续性地进行投入，这又在一定程度上限制了技术的更新和进步。

我国对物联网的发展高度重视，2012 年，中华人民共和国工业和信息化部发布了物联网发展的"十二五"规划后，在 2016 年又发布了物联网发展的"十三五"规划（2016—2020）。如图 1-13 所示，为物联网"十二五"规划和物联网"十三五"规划的关键技术。

物联网"十二五"规划关键技术	物联网"十三五"规划关键技术
信息感知技术	传感器技术
信息传输技术	体系架构共性技术
信息处理技术	操作系统
信息安全技术	物联网与移动互联网、大数据整合技术

图 1-13 物联网两个规划的关键技术

从图 1-3 的两份规划中我们可以看出，物联网关键技术的定义有了全新的变化。在物联网"十三五"规划中，主要有两个亮点，具体内容如下。

（1）把物联网操作系统单独列出来作为关键技术之一。

（2）将物联网和移动互联网、大数据技术进行整合。

未来物联网的发展趋势主要有 4 个方面，如图 1-14 所示。

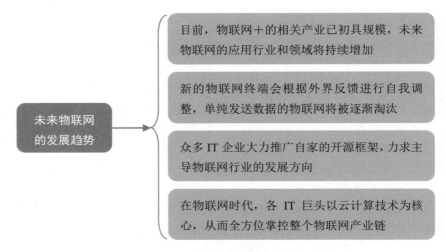

图 1-14　未来物联网的发展趋势

物联网的发展前景是广阔的，越来越多的物联网技术产品进入人们的生活当中，比如空气净化器、穿戴设备、家庭环境监控设备等。这些物联网产品改变了人们的生活，未来还会有更多的新产品出现，这也是物联网技术发展的产物。

虽然如此，物联网的发展也会存在一些问题和挑战，首当其冲的就是垄断。物联网虽说是新兴行业，但资源和技术都掌握在大企业中，每家大企业都想占据技术优势，进而垄断市场。

1.1.10　物联网的就业前景

如今，关注物联网的人越来越多，从事物联网相关行业的人也越来越多，而且许多大学都开设了相关专业和课程，国家也出台了物联网行业的相关鼓励政策。物联网的从业者主要有两类：一类是物联网行业的创业者；另一类是物联网专业的大学生。

前面笔者讲过物联网的垄断问题，对于物联网行业的创业者而言，要想突破行业垄断，方法就是缩小用户群体，也就是说，要专注于一个细分领域的技术去解决专业问题。缩小用户群体的好处是，既不用担心大企业来抢你的饭碗，又能很容易地找到属于自己的精准用户。

对于物联网行业的从业者和物联网专业的大学生而言，需要不断地学习和积累相关的技术，才能满足行业的需求，比如单片机编程技术、网络技术、无线技术、传感器技术、终端技术、语音对话算法等。

除此之外，物联网专业的大学生还需要明确正确的技术观和发展方向，注重实践、勤于上手、多出作品，这样不仅可以提升技术能力，还能增强个人的自信心。毕业后，尽量去中型或大型企业，然后静下心来好好沉淀自己。

1.2 发展状况：国内外物联网情况

了解了物联网的相关基础知识之后，接下来笔者就为大家介绍国内外主要领域的物联网发展情况，以便读者了解世界物联网的行业动态。

1.2.1 国外物联网的发展概况

下面笔者将从智能交通、智能电网、云计算产业 3 个方面来介绍国外物联网的发展概况。

1. 智能交通

智能交通系统（Intelligent Traffic System，ITS）是将物联网等技术应用到交通运输等方面，加强车辆、道路和使用者之间的联系，从而起到保障交通安全、提高管理效率等作用。如图 1-15 所示，为智能交通系统。

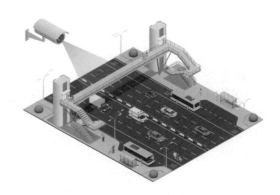

图 1-15　智能交通系统

智能交通系统作为一种新型交通运输系统，具有实时、高效、准确的特点，能有效地提高交通运输效益，并在发达国家被广泛应用。下面我们来看看 ITS 在美国、日本、欧洲等国家和地区的发展状况。

1）美国

美国智能交通系统有 7 大领域，分别是出行和交通管理系统、出行需求管理系统、公共交通运营系统、商用车辆运营系统、电子收费系统、应急管理系统、先进的车辆控制和安全系统。

目前，美国智能交通系统的发展遥遥领先全球。美国发展和建设智能交通系统的策略是让各级政府把它纳入基本投资计划当中，大部分资金由各级政府提供，并调动私营企业的投资积极性。

2）日本

日本的 ITS 研究开始于 1973 年，其智能交通系统规划体系包括导航系统、安全辅助系统、道路交通管理高效化系统等。日本的智能交通系统主要应用于交通信息提供、电子收费、公共交通等方面。日本通过政府和企业的相互合作，大大地调动了企业的积极性，加速了日本智能交通系统的发展。

3）欧洲

早在 20 世纪 80 年代中期，欧洲十几个国家共同投资 50 多亿美元，用于完善道路设施，提高交通服务水平。现如今，欧洲正在全面进行 Telematics（车载信息服务）的开发，计划在全欧洲建立专门以道路交通为主的无线数据通信网，并正在进行信息服务、车辆控制等系统的开发。

欧洲在 ITS 的发展中，由各国政府负责基础设施建设的投资，而企业则负责进行个性化项目的开发，如导航、牌照识别等。

2．智能电网

智能电网是电网的升级版，也叫作电网 2.0。在智能电网的发展方面各国电力的需求接近饱和，智能电网经过多年的发展，架构趋于稳定成熟，具备了较为充足的输配电供应能力。

美国智能电网的发展主要有 3 个阶段，即战略规划研究、立法保障和政府主导推进。目前，美国在组织机构、激励政策和标准体系等方面已取得了重要进展，为智能电网的发展和建设打下了基础。

和世界其他地区不同的是，欧洲智能电网的发展是以欧盟为核心制定建设目标，并提供政策和资金作为支撑。欧洲智能电网的主要推动者有 3 个组织机构，分别是欧盟委员会、科研机构以及设备制造商、欧洲输电及配电运营公司。

日本智能电网的建设由日本经济产业省主导，根据日本企业先进的智能电网技术，选择了 7 个领域、26 项技术项目作为智能电网发展的重点，例如输电领域的输电系统和广域监视控制系统、配电领域的配电智能化等。

每个国家和地区都根据自己的实际情况规划了智能电网的发展战略和模式，但不论是什么样的规划，智能电网的基础建设都可以归纳为物联网。

3．云计算产业

云计算是分布式计算的一种，也是技术创新的新兴产业，具有非常大的市场潜力和商业价值。世界上多个国家和地区都制订了发展云计算产业的战略规划。

美国企业的 IT 系统非常成熟，整体应用时间很长，其行为规范性很强，也更加标准。美国的云计算服务企业实行数据中心全球扩张的战略，例如，企业总部使用某个系统，那么该系统就会普及至全世界的分部机构，集中管控的程度非常高。

在技术和产品方面，美国掌握了分布式体系架构等多种云计算核心技术，其云计算的应用也有大规模的普及。美国的电子政务云计算发展成熟，各部门都不同程度地应用云计算技术。

欧洲的云计算服务企业主要分布在法国、德国、西班牙等国家，它们都拥有自主产权的云计算产品，对欧洲云计算的发展和应用有着很大的推动作用。但是，欧洲因为各种原因，其云计算产业发展速度要比美国落后。

日本由于在电子器件、通信技术等领域具有领先优势，所以其服务器、平台管理和应用软件等领域拥有诸多技术和产品。日本一直致力于推广云计算技术，并将其作为社会和产业结构改革的动力。

1.2.2 国内物联网的发展概况

介绍完国外物联网的发展情况，接下来笔者就从智能物流、智能电网、智能交通、精准农业、环境监测、智能家居、智能医疗 7 个领域来讲述我国物联网的发展概况。

1. 智能物流

智能物流是让物流系统具有人的感知、判断以及自主解决物流问题的能力，未来我国智能物流的发展会呈现出 4 个趋势，如图 1-16 所示。

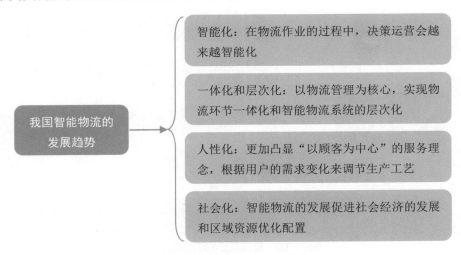

智能化：在物流作业的过程中，决策运营会越来越智能化

一体化和层次化：以物流管理为核心，实现物流环节一体化和智能物流系统的层次化

我国智能物流的发展趋势

人性化：更加凸显"以顾客为中心"的服务理念，根据用户的需求变化来调节生产工艺

社会化：智能物流的发展促进社会经济的发展和区域资源优化配置

图 1-16 我国智能物流的发展趋势

物联网的出现给物流行业带来了新的发展机遇，物联网和物流相融合，形成了智能化的物流管理网络。智能物流为企业降低了成本，减少了资源浪费，实现了科学管理和企业利润的最大化。

如今，智能物流正在成为我国物流业转型升级的重要动力。在不久的将来，物联网、云计算等技术越发成熟，万物互联推动着智能物流的发展。

目前，我国物流业正处在重要的转型升级期，呈现出一些新的特点，如图1-17所示。

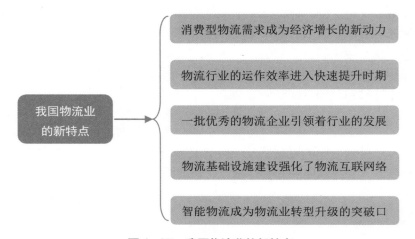

图1-17　我国物流业的新特点

近年来，我国智能物流得到了稳步发展，其发展现状如图1-18所示。

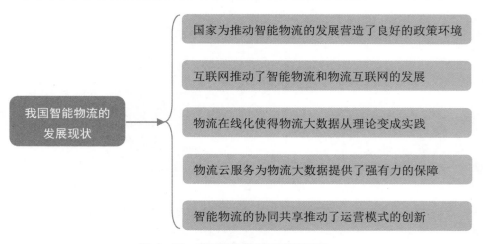

图1-18　我国智能物流的发展现状

智能物流技术服务的典型应用场景主要有3个，如图1-19所示。

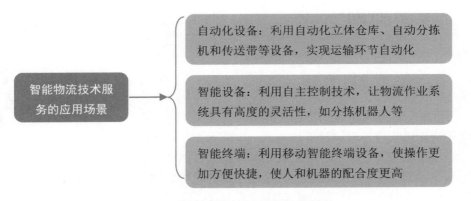

图 1-19　智能物流技术服务的应用场景

介绍完智能物流技术服务的应用场景，接下来笔者分析一下智能物流的作用，如图 1-20 所示。

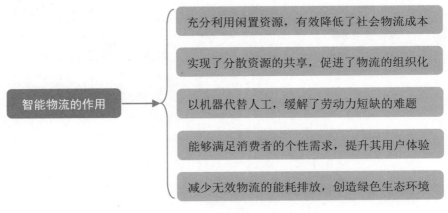

图 1-20　智能物流的作用

2．智能电网

目前，国家开始加快电力网络和物联网融合的步伐。智能电网的核心是实现电网的信息化和智能化，国家电网公司将智能电网的建设规划分为 3 个发展阶段，如今正处于第 3 阶段，这个阶段的目标任务是建设智能电网体系，使我国的电网设备达到发达国家的水平。

从我国智能电网发展的现状来看，建设智能电网还需要加强以下这些方面的工作。

（1）可以增加居民用电的选择余地来实现电价市场化。

（2）加强配用电网的智能化建设和分布式能源技术的开发。

（3）强化电力通信网络安全措施，确保用户隐私和信息安全。

（4）提高研发能源的统一标准，完善相关的法律法规。

（5）加强政府在智能电网建设中的引导、组织和协调作用。

3．智能交通

我国智能交通建设的重点主要有 5 个方面，即交通状态感知和交换、交通诱导和智能化管控、车辆定位和调度、车辆远程监测和服务、车路协同控制。

随着物联网技术的发展和应用，我国的智能交通建设有了很大的进步。但各地区发展很不平衡，并且和发达国家相比还有很大的差距。如图 1-21 所示，为我国智能交通建设存在的问题。

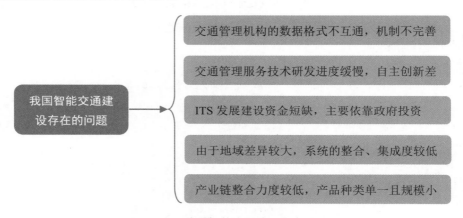

图 1-21　我国智能交通建设存在的问题

4．精准农业

精准农业是一种新型农业，起源于美国。我国自古以来就是农业大国，当前整体的生产方式仍是传统的作业方式，在农业中应用物联网技术，可以大大减少自然因素对农业生产的影响。

基于以上原因，我国应加快推进物联网技术在农业领域的应用，提高生产技术，努力缩小与世界发达国家的差距，增强综合国力。目前，我国在农业领域的物联网技术应用主要集中在遥感信息获取、遥测数据传输、信息监测等方面。

精准农业改变了粗放的农业经营管理方式，提高了农作物的产量，带动了现代农业的发展。

近年来，我国的农村生产经营和物联网技术的联系越来越紧密，有的地区利用物联网技术建立了信息集成系统，实现了对农业数据的智能化获取和分析。和传统农业相比，精准农业通过网络对收集到的数据进行分析，能够实现土地资源的有效利用和农业生产的精准管理，从而提高农业生产经营的效率。

5．环境监测

在环境监测的过程中应用物联网技术，可以对环境起到保护和监督的作用，能够防患于未然。目前，我国在环境领域的物联网应用主要是污染监测、水质监测和空气监测等方面，利用物联网技术建立智能环保信息采集的网络和平台。

环境监测通常应用于矿井、水坝、农田、地下车库等场景中。如图 1-22 所示，为某地下车库环境监测系统。

图 1-22　某地下车库环境监测系统

6．智能家居

物联网使家居变得智能化，可以根据人们的爱好和需求，创造出舒适的生活环境和空间，给我们的日常生活带来了极大的便利。如图 1-23 所示，为智能家居系统配置效果图。

目前，我国智能家居的发展正在稳步推进，各大企业纷纷研发和推出了自家的智能家居产品。在未来，智能家居会随着物联网的发展而不断扩大其应用范围，使物联网技术得到充分的发挥。

继海尔和美的发布 U+ 智能生活平台和 M-Smart 智能家庭战略之后，百度、阿里、腾讯、小米等互联网巨头纷纷进军智能家居市场，并且大多选择智能音箱产品作为市场的切入口。

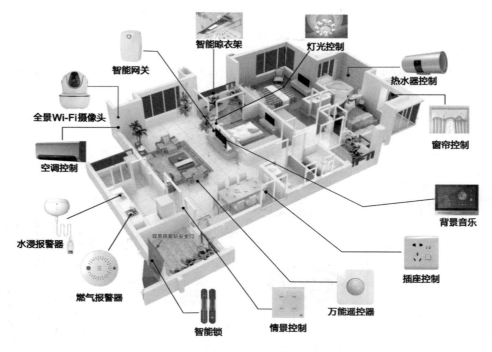

图 1-23 智能家居系统配置效果图

随着大量企业的涌入，我国智能家居行业的投资十分活跃。除了本身从事智能家居产品研发的企业外，还有通过其他领域资源进入智能家居市场的企业，如奇虎360。奇虎360公司利用其自身的用户流量基础来推广旗下的智能家居产品，节省了产品品牌前期推广的成本。

目前，我国智能家居产品的类型主要以智能家电为主，如智能冰箱、智能空调、智能洗衣机等。中国智能家居产业的发展得益于 5G 技术、物联网和人工智能技术的进步，给消费者带来了更好的体验。

近年来，在物联网等技术的驱动下，智能家居得到了飞速发展。2019 年，智能家居在技术、市场和行业的变革中接受新的挑战和机遇，AI、物联网、边缘计算等全面赋能智能家居。

我国与世界其他国家在智能家居的发展模式上存在着较大的差异，其具体内容如图 1-24 所示。

虽然我国智能家居发展迅速，但也存在和面临着不少问题，具体内容如图 1-25 所示。

在我国的智能家居品类中，智能照明、家庭安防、智能家电等产品所占的市场份额较大。在物联网技术的加持下，中国智能锁的销量猛增，成为智能锁生产和销售大国。

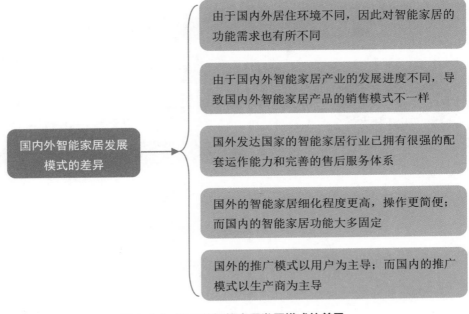

图 1-24　国内外智能家居发展模式的差异

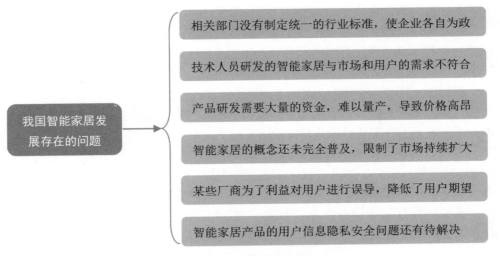

图 1-25　我国智能家居发展存在的问题

我国智能家居未来的发展趋势如图 1-26 所示。

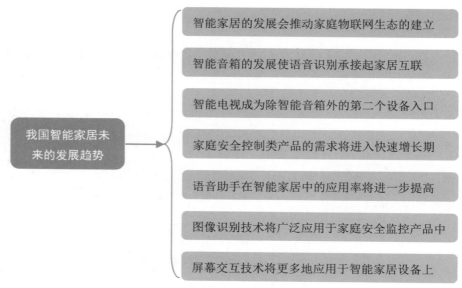

图1-26　我国智能家居未来的发展趋势

7．智能医疗

目前，我国在医疗领域的物联网应用主要是物资管理可视化、医疗信息数字化和医疗过程数字化这3个方面。

随着物联网技术的发展和应用，未来我国医疗信息化将全部纳入药品流通、医疗管理等环节，通过可穿戴设备对人体生理数据进行采集，为患者提供远程诊断治疗或自动挂号等服务。

我国医疗信息化快速发展的动力主要来自两个方面：一是医疗管理理念的进步和改变，使得对医疗信息化建设的要求更高；二是物联网、云计算、大数据等新技术的发展为智能医疗的应用提供了实现的可能性。

在物联网快速发展的背景下，众多IT企业纷纷进行智能医疗的产业布局。例如，阿里巴巴创立了阿里健康和医疗云服务；百度推出百度医疗大脑，如图1-27所示；腾讯和丁香园、众安保险合作，打造互联网医疗生态链。

传统的医疗设备存在着诸多问题，NB-IoT/eMTC通信技术弥补了传统通信技术的不足，成为移动医疗设备的标配。为了顺应行业和市场需求，高通、华为等芯片厂商纷纷推出可以支持NB-IoT/eMTC通信技术的物联网芯片，推动移动医疗设备的商用普及。

医疗设备的安全性、智能性等个性化需求将成为未来智能医疗发展的重点，所以智能装置传感器等医疗健康配件成了生产商积极抢占的市场。

图 1-27　百度医疗大脑

目前，我国智能医疗行业的发展尚处在初始阶段，物联网技术在医疗领域的应用还存在许多难题，取得的成果不大。国内医疗资源整体仍然短缺，医疗设备的需求量极大，这些问题都需要加以解决。

1.2.3　企业的物联网发展布局

在物联网时代，国内各大企业巨头纷纷布局自家的物联网发展战略，下面我们就一起来看看它们在物联网领域所取得的成就和进展。

1. 腾讯

2019 年 9 月，腾讯决定开源旗下的物联网操作系统 TencentOS tiny。它的 ROM（Read-Only Memory）体积最小仅为 1.8KB，最低休眠功耗为 2mA。如图 1-28 所示，为 TencentOS tiny 的产品架构。

TencentOS tiny 的开源不仅分享了腾讯在物联网领域的技术和经验，还吸取了世界物联网领域的优秀成果和创新理念，进而推动整个物联网行业的发展和万物互联时代的到来。

在储存和资源的占用上，TencentOS tiny 提供了非常精简的 RTOS 内核；在功耗方面，使用了高效功耗管理框架，能够针对不同场景智能降低功耗。这使得开发者可以根据业务场景的不同选择不同的低功耗方案，以延长设备的寿命。

另外，腾讯还在 TencentOS tiny 中添加了丰富的功能，比如任务管理、内存管理、IPC 通信等。

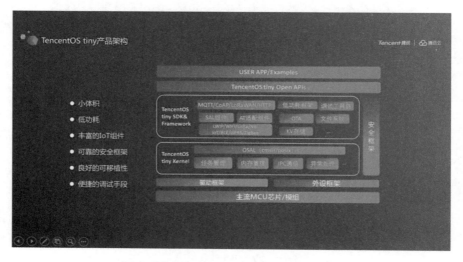

图 1-28　TencentOS tiny 的产品架构

TencentOS tiny 的整体架构一共分为 8 个部分，分别是 CPU 库、驱动管理层、内核、IoT 协议栈、安全框架、组件框架、文件系统和开放 API。如图 1-29 所示，为 TencentOS tiny 的整体架构。

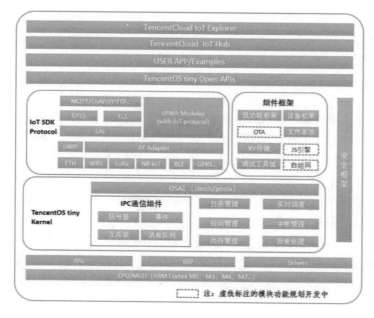

图 1-29　TencentOS tiny 的整体架构

结合腾讯云物联网开发平台 IoT Explorer 和 Loda 网络，腾讯云物联网已经完全打通从芯片通信开发、网络支撑服务等全链条物联网云开发服务的能力。如图 1-30 所示，为腾讯云物联网开发平台 IoT Explorer 的架构图。

图 1-30　IoT Explorer 的架构图

腾讯云 IoT Explorer 是腾讯在 2019 年 7 月发布的一站式物联网开发平台，该平台可以让物联网开发者通过开发功能工具接入亿级硬件设备，并提供覆盖零售、制造、物流等多个场景的物联网应用开发能力。

腾讯云 IoT Explorer 的发布对腾讯物联网领域的探索来说具有里程碑式的意义，它可能将为 IoT 的爆发式增长扫清最后一道障碍。

2. 阿里巴巴

2018 年 3 月，物联网成为阿里巴巴的第五大战略，阿里云总裁还表示：计划在未来 5 年内连接 100 亿台设备。同年 7 月，阿里云和西门子正式达成合作，双方共同协助工业物联网的发展。

2019 年 9 月，阿里巴巴在 2019 年杭州云栖大会上发布物联网操作系统 AliOS Things 3.0 版本，致力于搭建云端一体化物联网基础设备。AliOS Things 具有安全防护等关键能力，同时支持终端设备连接到阿里云 Link，可广泛应用在智能家居、智慧城市等领域。

如图 1-31 所示，为 AliOS Things 的产品功能介绍。

目前，AliOS Things 的服务设备品类已有智能空调和智能音箱等。在 AliOS Things 3.0 版本中，拥有全新的应用开发框架，可以让用户快速创建项目，十分简单方便。

基础能力

微内核架构，内核资源占用（ROM<2KB，内核支持Idle Task成本）；提供场景引擎和低功耗框架

核心协议栈技术

产品级TCP/UDP/IPv6/IPv4支持；MQTT，CoAP,WSF支持；WiFi,蓝牙，LoRA,NB-IoT。

自组织网络

支持阿里巴巴自研的uMesh技术，支持物联网设备自动建立通信网络。

图 1-31　AliOS Things 的产品功能介绍

另外，AliOS Things 3.0 版本还新增了在线裁剪功能，支持 JavaScript 脚本开发，具备全面安全能力支持。AliOS Things 3.0 提供了高效调试工具，实现了智能设备秒级故障定位，为用户带来了全新的开发体验。

3．华为

华为物联网对物联网行业的发展起着重要作用，华为在物联网领域提供了通信芯片、物联网终端操作系统、移动物联网网络、物联网平台和生态建设等一系列解决方案。在 2019 年世界物联网大会发布的 2019 世界物联网 500 强排行榜中，华为居于榜首，这充分肯定了华为在物联网领域的突出贡献。

下面笔者就来举例为大家介绍华为在物联网领域的进展和成就。

1）Boudica 芯片

Boudica 芯片是华为在物联网领域发布的业界首款 NB-IoT 芯片，如图 1-32 所示。目前已经量产商用，内置自主研发的物联网操作系统 Huawei LiteOS。

2）Huawei LiteOS

Huawei LiteOS 是华为开发的物联网操作系统，具有低功耗、互联互通、组件丰富等特点，能够降低开发门槛，缩短开发周期，并广泛应用在可穿戴设备、智能家居车联网等领域。

如图 1-33 所示，为 Huawei LiteOS 的架构图。

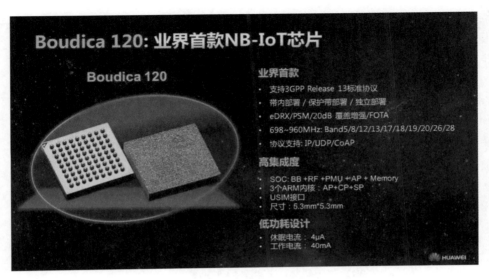

图 1-32 Boudica 芯片

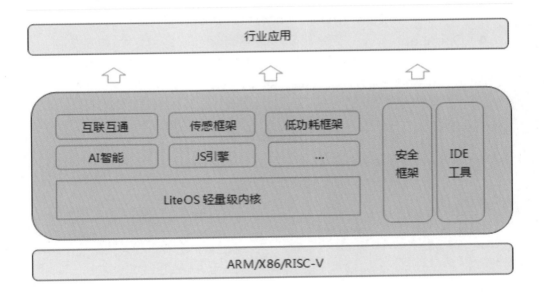

图 1-33 Huawei LiteOS 的架构图

3）OceanConnect

OceanConnect 是华为打造的物联网连接管理平台，提供了 170 多种开放 API，利用标准化数据接口，应用于智慧家庭、车联网、智能停车等多种领域，还为城市管理者决策提供数据参考。如图 1-34 所示，为 OceanConnect 物联网连接管理平台的应用使能和连接管理。

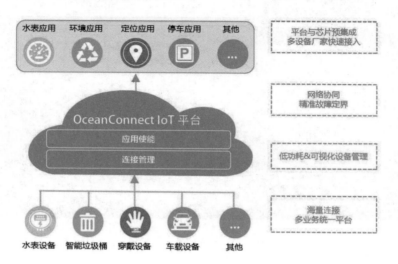

图 1-34　OceanConnect 物联网连接管理平台

4）OpenLab

OpenLab 是由华为自建自营的面向合作伙伴的生态使能服务平台，提供产品技术和行业联合方案的开发、集成、测试、认证等服务，如图 1-35 所示。

图 1-35　OpenLab 介绍

5）华为云 IoT 物联网平台

华为云 IoT 物联网平台面向运营商和企业以及行业领域，可以帮助用户快速地接入多种行业终端，集成多种行业应用。另外，华为云 IoT 物联网平台还提供安全可靠的全连接管理，构建物联网生态。截至 2019 年 12 月，华为云 IoT 物联网平台连接数已超过 2.8 亿，覆盖 50 多个行业。

4．百度

2018 年 6 月，百度在深圳召开百度云智能物联峰会，发布了 3 大物联网解决方法，展示了 21 项物联网核心技术。百度云致力于通过先进的 ABC（指人工智能＋大数据＋云计算三位一体战略）＋物联网技术，为汽车、家居、医疗等诸多领域提供解决方案，开启了万物互联的时代。

2019 年 5 月，百度智能云升级天工物联网平台，并且在 3 大领域发布了 9 款新产品。如图 1-36 所示，为百度智能云天工物联网平台基础产品端特性升级列表。

产品/技术	优势性能
2019 ABC INSPIRE 智能物联网峰会	
百度智能云天工物联网平台基础产品新特性升级列表	
物接入	√ 支持CoAP协议、消防国标GB26875等； √ 支持泛化协议解析； √ 支持二进制数据上报； √ 支持小程序； √ 全面支持IPv6； √ OTA支持自定义源站。
规则引擎	√ 实现动态规则引擎，多个规则直接串联； √ 支持数据流转至关系数据库和表格存储； √ 上线规则字典，支持带状态计算； √ 内置14个SQL模板，常用模板一键获取。
时序数据库	√ SQL引擎全面上线； √ 支持交互式数据分析； √ 支持日历对齐； √ 查询计费策略优化； √ 读写性能提升3倍。
物可视	√ 50+可视化组件发布； √ 新增行列变换等多种数据处理能力； √ 新增多屏自适应能力； √ 组态功能全面升级，支持常用组态动画； √ 实现基于地图的大数据可视化； √ **数据处理功能全面升级**：支持行列转换、数据透视表等数据变换能力，方便数据变形以适应不同的可视化组件需要； √ **自适应编辑功能全面升级**：对自定义尺寸的屏幕大小进行自动适应规则适配，可以支持多屏的自适应适配，一个仪表盘多屏复用； √ **组态功能进行全面升级**：可以支持闪烁、填充、变色、旋转等常用组态动画，让物的可视化直观、酷炫； √ **多层地图组件上线**：使能基于地图的大数据可视化。

图 1-36　百度智能云天工物联网平台基础产品新特性升级列表

1.3　基础概况：物联网的实际应用

你相信吗？现代电影中那些让你觉得很神奇的场景，很多都运用到了物联网技术。有朝一日，科幻电影里那些神奇的场景都有可能在现实生活中出现。随着科技的发展，梦境和你大脑里的思想都可以转化为数据被电脑记忆，甚至可以制作成像，未来在工作、生活、学习、娱乐等方面都会因为物联网而更加方便快捷。下面我们就一起来初步体验一下物联网的魅力吧！

1.3.1 物联网下的智慧教育

烟台市教育局是主管全市教育事业的职能部门，通过多年不断的投入与建设，信息化建设取得了卓越成就，现有办公系统、门户网站、教育装备、职教学籍、教育资源库、教育博客等几十个应用系统，以及大量的文件系统应用。

烟台市教育局实施的基础架构的虚拟化，分别采用了 VMware 虚拟化软件、思科网络和计算平台、美国 EMC（易安信公司）信息基础架构平台，应用云计算架构，建设新一代虚拟化数据中心。

此外，烟台市教育局还利用全新的网络、存储和虚拟化技术，将数据、存储和服务器整合至一个通用、高效、统一、可靠的环境中，大幅简化了原来的 IT 架构，降低了总成本，如图 1-37 所示。

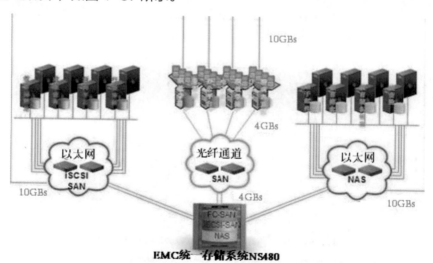

图 1-37 "教育云"EMC 系统

虚拟化或私有云，都是 IT 资源的整合，可充分有效地利用资源。在整合资源方面，虽然烟台市教育局只建设了 1 个市级教育数据中心，13 个区县级教育数据中心，但早已走在了大多数行业的前列。

烟台市教育局数据中心可以向下属 13 个区县总计 1000 多所中小学提供信息服务，包括电子邮件、远程教学资源共享、精品课程在线点播、远程互动研讨等。

烟台市教育局采用了 VCE（虚拟计算环境）构建新一代教育数据中心，利用思科的统一计算系统 (UCS)、EMC 集中存储解决方案和 VMware 虚拟化技术，将各个分散的系统平台、各个学校的资源，统一集中在教育局数据中心虚拟计算环境中，由烟台教育数据中心统一规划和部署教育资源，集中存储教学数据，确保充分而高效地使用教学资源。

此外，烟台市教育局在旧服务器上部署了 VMware，增加容错比、冗余比，以提高系统的可靠性，充分发挥现有设备的作用。目前，烟台市教育局有 90% 以上的业务运行在虚拟化环境中。

1.3.2 物联网下的服装行业

意大利品牌 PRADA 于 1913 年在米兰创建。PRADA 为顾客提供量身定制的男女成衣、皮具、鞋履、眼镜及香水。PRADA 在服装上安装射频识别电子标签，电子标签被印刻在电子衬底材料上，再嵌入塑料或纸质的服装标签内。

每当顾客拿起一件 PRADA 走进试衣间，电子标签会自动识别，因为试衣间里有一种"充满魔力的镜子"，试衣间里的智能屏幕就会自动播放模特穿着这件衣服走 T 台的视频。试衣间里的这种魔力镜子就是运用了物联网技术的智能屏幕，如图 1-38 所示。

图 1-38　高端奢侈品牌 PRADA

与此同时，每件衣服在哪个城市、哪个旗舰店、被拿进试衣间的时间、在试衣间里停留了多长时间以及最终有没有被购买等这些信息都会如实地传回总部。这说明不管试衣服的人最终有没有成为购买客户，但物联网技术使每一位走进PRADA 门店的消费者，都参与到了 PRADA 的商业决策之中。

物联网技术应用于服装行业已经不是稀有事情了。例如，西班牙的服装品牌 ZARA，依靠强大的 IT 系统，把设计和生产周期缩短到 2 周，并且每一个设计只生产很少数量的成品，把盗版扼杀在摇篮中。

而在物联网技术还未应用之前，ZARA 的设计和量产的周期通常是几个月。当模特在 T 型台上走台步时，盗版就已经开始运作了，等到服装量产出来上市时，大街上已有人穿着盗版服装了，ZARA 因此失去了许多顾客。面对这种危机，ZARA 运用新兴的物联网技术，已基本解决了上述问题。

1.3.3 物联网下的银行金融

现在银行也开始在运用物联网技术。银行有一个呼叫中心，每个接线员面前的电脑屏幕上都有一条曲线。出现在这条曲线上方的点就表示该点对应的用户能为银行带来足够的利润。如果该用户不能为银行带来足够的利润，那么该用户对应的点就会出现在这条曲线的下方。

当客户的电话打进来时，银行的物联网系统就会根据用户提供的信息，自动生成一个与该用户对应的点，并显示在接线员的电脑屏幕上，如果用户的点位于曲线的下方，那么接线员会帮用户办理注销手续；若用户的点位于曲线的上方，那么接线员便要盛情挽留用户，并对他说："我与客户经理商量了，我们会给您更大的折扣，请您留下来！"

呼叫中心就是利润中心，相信这一技术会给银行带来比以往更高的利润，如图 1-39 所示。

图 1-39 银行呼叫中心

1.3.4 物联网下的餐饮服务

泰国有一家能容纳 5000 人同时就餐的巨大餐厅，它有像字典那么厚的菜单，光是中国菜系里的川菜就有 3 个类别。如果在一家小餐馆，你点了麻婆豆腐和回锅肉，这两道菜同时被端上桌，你不会感到惊讶。但在这样一家巨大的泰国餐厅，你若点了日本料理和麻婆豆腐，也是同时被端上桌，味道也相当地道，你就不得不惊讶了。

　　它是怎么做到的呢？原来在厨房有许多来自不同国家的厨师。他们面前各有一个显示屏幕，当顾客点了菜单上的某个菜时，菜单里的物联网射频识别系统会将信息传到厨房，告诉厨师现在该做哪一道菜，如图 1-40 所示。你吃的日本料理和麻婆豆腐也许是由两个相隔很远且根本不相识的厨师做出来的。

图 1-40　显示器会告诉厨师你点的食物

　　除此之外，为保证两道菜能同时上桌，餐厅的物联网系统还会自动计算时间。若日本料理需要 1h 才能做好，而麻婆豆腐只需要 10min 就能做好，那么系统会在第一时间通知日本厨师先做料理，而在 50min 后才通知中国厨师做麻婆豆腐，从而使两道菜几乎同时出锅、上桌。通过物联网技术，让速度与美味并重，促进生意增长，进而利润也会增加！

1.3.5　物联网下的智能手机

　　随着科技的不断发展，手机早已不是那种只可以打打电话、发发短信的简单工具了。现在的智能手机，不但可以上网浏览网页，还可以网上购物等。

　　那你听说过可植于皮下的智能手机吗？电影《全面回忆》出现的那款嵌在皮肤下、可以通过玻璃与人建立视频通话的手机，你想象过有一天现实生活中我们也能见到吗？

其实，很早以前就有人发明了类似的设备，被称为 Digital Tattoo Interface 的皮下触屏设备是由工程师吉姆·米歇尔创造的，在 Greener Gadgets 设计比赛中首度亮相，被媒体评为真正融合了科技和人体艺术的作品。

该设备的主体由极其轻薄细腻的硅胶制作的蓝牙设备构成。通过一个微小的切口将两根旋转管插入皮肤和肌肉之间，小管连接动脉和静脉让血液流向一个燃料电池，血液经过电池后将被分解为葡萄糖和血氧，从而形成为设备提供动力的电能。

该装置可以通过触摸皮肤实现对显示屏的控制，但这个显示屏并不是用墨水画上去的。它由一种极其微小且感光度极强的球体组成。当信号通过像素矩阵时，它们就会由透明变成黑色。

所以，当有人给你打电话的时候，屏幕才会出现在皮肤上，一旦你挂掉电话，它们就会消失。制作者称，这个设备不但对人体没有伤害，而且还可以起到监视血液疾病、为人类健康报警的作用。

1.3.6　物联网下的医疗健康

上海市闸北区市北医院健康云系统是全国建成的第一朵"健康云"，此举对云计算在行业市场的应用有着极为重要的借鉴意义。市北医院一直以来都积极引入先进科技、提升医院信息化水平，服务老百姓，为病患提供更高效的医疗服务，最大限度地提高就诊体验。

相关医院负责人表示，进行医疗信息化的最终目的就是 4 个字——便民利民！而云计算完全符合这一标准，对于卫生系统发展而言将是一个潮流、方向。该套健康云系统由华为携手易可思复高、万达、闸北数据港共同打造，在 3 个多月的试运行期间表现良好，效果远超预期。

据介绍，目前该院在总院架设了中心机房，通过光纤连接覆盖了保德路分院和闻喜路分院，所有的云服务都运行在总院的中心机房，70% 的应用软件已经搬迁至云平台，包括门急诊工作站、电子病历系统、LIS 系统、HIS 系统、PACS 系统、排队叫号系统、输液系统等，各个科室也已全面安装了 TC。

运行在云计算平台上的排队叫号系统、各种医疗诊治软件，业务处理速度、信息传递效率大大超过以往，就这一点已经带给病患极大的便利。除此之外，部署健康云系统后，还有省电、省空间、减少噪声等功能，同时也大大节省了医院的资源与运维成本，尤其是无须配备主机。

在健康云系统建设中，市北医院获得了闸北区政府、卫生局以及华为公司的大力支持。硬件设备到位后，华为仅用了 5 天时间就架设完整个云计算平台。

医院的 IT 系统应用种类多、接口复杂，从办公、管理系统，到挂号、诊疗、抓药、体检等，需要迁移继承的应用系统非常多，华为在管道技术上的丰厚积累，使得该公司在医疗信息化方案的设计上具有很强的先天优势，特别是在医疗服务社区化、网络化的进程中，可以发挥很重要的架构设计作用。

华为在通信行业的经验，加上近几年云计算基础技术的研究积累、实践积累，使得华为云计算平台的 API、IoT 等对接能力和兼容能力都非常强大，市北医院的成功证明该公司协助医疗系统迁移、集成至云上的能力已经成熟。

未来健康云可能覆盖每个家庭，让老百姓足不出户就能查看自己的病历、在线就诊，卫生系统的资源也将充分地得到整合、协同。

1.3.7 物联网下的水质安全

万物皆离不开水，可以说水是构成我们生命的本质。在工业技术飞速发展的今天，你是否担心过饮用水的质量？市场上已有许多纯净水品牌，你是否喝得放心？现在，物联网净水器将帮您解决这些担忧。

物联网净水器具有较高的过滤技术。它能把水中的漂浮物、重金属、细菌、病毒等都去除。物联网净水器一般为 5 级过滤：第 1 级为滤芯（又称 PP 棉），第 2 级为颗粒活性炭，第 3 级为精密压缩活性炭，第 4 级为反渗透膜或超滤膜，第 5 级为后置活性炭。通过以上流程，物联网净水器为我们引进干净、健康的生活饮用水，如图 1-41 所示。

图 1-41　物联网净水器

物联网净水器中的颗粒活性炭滤芯有超强的吸附力，不仅能有效地滤除水中的砂石、铁锈、胶体以及直径大于 5mm 的一切杂质，还可以有效地吸附水中的异味、异色、农药等化学药剂。

净水器中的精密活性炭滤芯，可以有效去除水中的细菌、毒素、重金属等物质。即使我们不在家，也能在千里之外通过手机、电话或者上网来掌控家中净水器的运行状况。

据统计，目前，中国已有超过千亿规模的净水市场，经过十几年的发展之后，现在正处于从培育期向快速发展期过渡的黄金阶段。

物联网净水器利用高端的传感技术，通过网络进行远程监测和控制。利用无线 Wi-Fi 模块对净水器的功能进行远程控制，让人们时刻都能够喝到健康的水。如图 1-42 所示，为物联网净水器的控制芯片。

图 1-42　物联网净水器的控制芯片

第 2 章
物联网的技术应用和安全

学前提示

目前，物联网的发展尚处于初始阶段，所以要想完全了解物联网是比较困难的。但是笔者还是竭尽所能，让大家尽可能地对物联网有一个全面的认识。本章主要讲述物联网的 3 大层次和 3 大系统，以及物联网的安全问题和产业情况，让读者更好地了解物联网的技术应用和安全。

2.1 基本框架：物联网的 3 大层次

类似于仿生学，让每件物品都具有"感知能力"，就像人有味觉、嗅觉、听觉一样，物联网模仿的便是人类的思维能力和执行能力。而这些功能的实现都需要通过感知、网络和应用方面的多项技术，才能实现物联网的拟人化。所以物联网的基本框架可分为感知层、网络层和应用层 3 大层次，如图 2-1 所示。

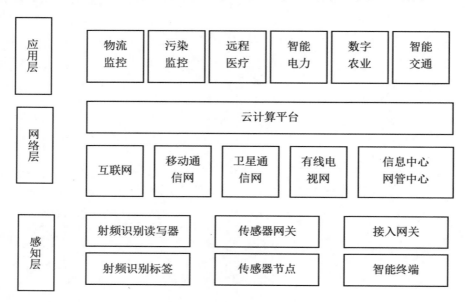

图 2-1　物联网的基本框架

2.1.1　感知层

感知层是物联网的底层，但它是实现物联网全面感知的核心能力，主要解决生物世界和物理世界的数据获取和连接问题。

物联网是各种感知技术的广泛应用。物联网上有大量的多种类型传感器，不同类别的传感器所捕获的信息内容和信息格式不同，所以每个传感器都是唯一的一个信息源。传感器获得的数据具有实时性，按一定的频率周期性地采集环境信息，不断地更新数据。

物联网运用的射频识别器、全球定位系统、红外感应器等这些传感设备，它们的作用就像是人的五官，可以识别和获取各类事物的数据信息。通过这些传感设备，能让任何没有生命的物体都拟人化，让物体也可以有"感受和知觉"，有了这些传感设备才能实现对物体的智能化控制。

通常，物联网的感知层包括二氧化碳浓度传感器、温湿度传感器、二维码标签、电子标签、条形码和读写器、摄像头等感知终端。感知层采集信息的来源，它的主要功能是识别物体、采集信息，其作用相当于人的5个功能器官，如图2-2所示。

图 2-2　感知层与五官

专家提醒

对于目前关注和应用较多的射频识别网络来说，附着在设备上的射频识别标签和用来识别射频信息的扫描仪、感应器都属于物联网的感知层。

2.1.2　网络层

广泛覆盖的移动通信网络是实现物联网的基础设施，网络层主要解决感知层所获得的长距离传输数据的问题。它是物联网的中间层，是物联网3层中标准化程度最高、产业化能力最强、最成熟的部分，由各种私有网络、互联网、有线通信网、无线通信网、网络管理系统和云计算平台等组成，相当于人的神经中枢系统和大脑，负责传递和处理感知层获取的信息。

网络层的传递，主要通过因特网和各种网络的结合，对接收到的各种感知信息进行传送，并实现信息的交互共享和有效处理，关键在于为物联网应用特征进行优化和改进，形成协同感知的网络。

网络层的目的是实现两个端系统之间的数据透明传送。其具体功能包括寻址、路由选择，以及链接的建立、保持和终止等。它提供的服务使运输层不需要了解网络中的数据传输和交换技术。

网络层的产生是物联网发展的结果。在联机系统和线路交换的环境中，通信技术实实在在地改变着人们的生活和工作方式。传感器是物联网的"感觉器官"，通信技术则是物联网传输信息的"神经"，实现信息的可靠传送。

通信技术，特别是无线通信技术的发展，为物联网感知层所产生的数据提供了可靠的传输通道。因此，以太网、移动网、无线网等各种相关通信技术的发展，为物联网数据的信息传输提供了可靠的传送保证。

专家提醒

物联网网络层是3层结构中的第2层，物联网要求网络层把感知层接收到的信息高效、安全地进行传送。它解决的是数据远距离传输问题，且网络层承担着比现有网络更大的数据量和高服务质量要求。物联网将会对现有网络进行融合和扩展，利用新技术来实现更加广泛、高效的互联功能。

2.1.3 应用层

物联网应用层是提供丰富的基于物联网的应用，是物联网和用户（包括人、组织和其他系统）的接口。它与行业需求结合，实现物联网的智能应用，也是物联网发展的根本目标。

物联网的行业特性主要体现在其应用领域内，目前绿色农业、工业监控、公共安全、城市管理、远程医疗、智能家居、智能交通和环境监测等各个行业均有物联网应用的尝试，某些行业已经积累了一些成功的案例，如图2-3所示。

图2-3 物联网应用领域

将物联网技术与行业信息化需求相结合，实现广泛智能化应用的解决方案，关键在于行业融合、信息资源的开发与利用、低成本高质量的解决方案、信息安全的保障以及有效的商业模式的开发。

感知层收集到大量的、多样化的数据，需要进行相应的处理，才能作出智能的决策。海量的数据存储与处理，需要更加先进的计算机技术。近些年，随着不同的计算技术的发展与融合所形成的云计算技术，被认为是物联网发展最强大的技术支持。

云计算技术为物联网海量数据的存储提供了平台，其中数据挖掘技术、数据库技术的发展为海量数据的处理分析提供了可能。

物联网应用层的标准体系主要包括应用层架构标准、软件和算法标准、云计算技术标准、行业或公众应用类标准以及相关安全体系标准。

应用层架构是面向对象的服务架构，包括 SOA 体系架构、业务流程之间的通信协议、面向上层业务应用的流程管理、元数据标准以及 SOA 安全架构标准。

云计算技术标准重点包括开放云计算接口、云计算互操作、云计算开放式虚拟化架构（资源管理与控制）、云计算安全架构等。

软件和算法技术标准包括数据存储、数据挖掘、海量智能信息处理和呈现等。安全标准重点有安全体系架构、安全协议、用户和应用隐私保护、虚拟化和匿名化、面向服务的自适应安全技术标准等。

专家提醒

物联网是新型信息系统的代名词，它是 3 方面的组合：一是"物"，即由传感器、射频识别器以及各种执行机构实现的数字信息空间与实际事物的关联；二是"网"，即利用互联网将这些"物"和整个数字信息空间进行互联，以方便广泛地应用；三是应用，即以采集和互联作为基础，深入、广泛、自动化地采集大量信息，以实现更高智慧的应用和应用服务。

2.2 体系组成：物联网的 3 大系统

物联网是在互联网基础上架构的关于各种物理产品信息服务的总和，它主要由 3 个体系组成：一是运营支撑系统，即关联应用服务软件、门户、管道、终端等各方面的管理；二是传感网络系统，即通过现有的互联网、广电网络、通信网络等实现数据的传输与计算；三是业务应用系统，即输入输出控制终端。

2.2.1　运营支撑系统

物联网在不同行业的应用，需要解决一些像网络管理、设备管理、计费管理、用户管理等的基本运营管理问题，这就需要一个运营平台来支撑。

物联网运营平台是为行业服务的基础平台。在此基础上建立的行业平台有智能工业平台、智能农业平台、智能物流平台等。

物联网运营支撑平台中的每个行业平台可以在基础平台上建立多个行业平台。如同当前电信运营的 BOSS 平台，只有在完成一些基本的管理功能之后，上层行业应用才可以快速添加。

物联网运营平台对大企业和小企业进入物联网行业都有促进作用。根据物联网运营平台的基础服务特性，最适合提供此服务的是运营商。不过由于运营商的垄断性，它并不能根据用户需求提供服务，因而缺乏生命力。

物联网的运营支撑系统主要依靠的是信息物品技术。为了保证最终用户的应用服务质量，我们必须关联应用服务软件、门户、管道、终端等各方面的管理，融合不同架构和不同技术，完成对最终用户有价值的"端到端"管理。

物联网的运营支撑和传统的运营支撑不同。在新环境下，整个支撑管理涉及的因素和对象中，管理者对其的掌控程度是不同的，有些是管理者所拥有的，有些是可管理的，有些是可影响的，有些是可观察的，有些则是完全无法接入和获取的。为了完成全程的支撑管理，对于这些不同特征的对象，必须采取不同的策略。

物联网强调"物"的连接和通信。对于端点来说，这种通信涉及传感与执行两个重要方面，而将这两个方面关联起来，就是闭环的控制。

从这方面来看，在物联网环境下，有很多形态。例如，有些闭环是前端自成系统，只是通过网络发送系统的状态信息，接收配置信息；有些通过后台服务形成闭环，需要广泛互联所获取的信息综合处理后进行闭环控制；有些则是不同形态的结合等。所有这些和以往的人机、人人之间的通信是大不相同的，其运营支撑和服务、管理有很多新的因素需要考虑。

2.2.2　传感网络系统

物联网的传感网络系统是将各类信息通过信息基础承载网络，传输到远程终端的应用服务层。它主要包括各类通信网络，例如互联网、移动通信网、小型局域网等。网络层所需的关键技术包括长距离有线和无线通信技术、网络技术等。

通过不断的升级，物联网的传感网络系统可以满足未来不同的传输需求，特别是当三网融合（三网融合是指电信网、计算机网和有线电视网三大网络通过技术改造，能够提供包括语音、数据、图像等综合多媒体的通信业务）后，有线电视网也能承担物联网网络层的功能，有利于物联网加快推进。

2.2.3　业务应用系统

在物联网体系中，业务应用系统由通信业务能力层、物联网业务能力层、物联网业务接入层和物联网业务管理域 4 个功能模块构成。它提供通信业务能力、物联网业务能力、业务路由分发、应用接入管理和业务运营管理等核心功能。

通信业务能力层是由各类通信业务平台构成的，包括 WAP（无线应用协议）、短信、彩信、语音和位置等多种能力。

物联网业务能力层通过物联网业务接入层，为应用提供物联网业务能力的调用，包括终端管理、感知层管理、物联网信息汇聚中心、应用开发环境等能力平台。

物联网信息汇聚中心收集和存储来自于不同地域、不同行业、不同学科的海量数据和信息，并利用数据挖掘和分析处理技术，为客户提供新的信息增值服务。

应用开发环境为开发者提供从终端到应用系统的开发、测试和执行环境，并将物联网通信协议、通信能力和物联网业务能力封装成 API（应用程序编程接口）、组件 / 构件和应用开发模板。

在物联网参考业务体系架构中，物联网业务管理域只负责物联网业务管理和运营支撑功能，原 M2M(Machine-To-Machine，机器对机器) 管理平台承担的业务处理功能和终端管理业务能力被分别划拨到物联网业务接入层和物联网业务能力层。

物联网业务管理域的功能主要包括业务能力管理、应用接入管理、用户管理、订购关系管理、鉴权管理、增强通道管理、计费结算、业务统计和管理门户等功能。增强通道管理由核心网、接入网和物联网业务接入层配合完成，包括用户业务特性管理和通信故障管理等功能。

为了实现对物联网业务的承载，接入网和核心网也需要进行配合优化，从而提供适合物联网应用的通信能力。

通过识别物联网通信业务特征，进行移动性管理、网络拥塞控制、信令拥塞控制、群组通信管理等功能的补充和优化，并提供端到端 QoS(Quality of Service，服务质量) 管理以及故障管理等增强通道功能。

专家提醒

物联网的根本目的还是为人服务，帮助人们更方便快捷地完成物品信息的汇总、共享、分析、决策等。运营支撑系统完成对物品进行基础信息采集，并接收上层网络传送来的控制信息，完成相应的执行动作。传感网络系统主要借助已有的广域网通信系统（例如 PSTN 网络、2G/3G 移动网络、互联网等），把感知层感知到的信息快速、可靠、安全地传送到各个地方。业务应用系统则是完成物品与人的最终交互。

2.3 提前预防：物联网的安全问题

物联网作为新兴的技术产物，体系结构比互联网更加复杂。由于物联网没有统一的标准，所以各方面的安全问题非常突出。随着物联网行业的发展，其安全性问题将会成为阻碍物联网应用的重要因素。

因为在物联网技术应用的过程中，被连接的物体具有一定的感知、计算和执行能力，所以，个人隐私和国家信息都有可能被非法获取，导致物联网的安全问题成为影响国家发展和社会稳定的隐患。

本节主要介绍物联网技术的安全性问题，包括物联网的安全体系以及三大层次的安全等。

2.3.1 物联网的安全体系

要想实现物联网的大规模应用，就必须解决信息安全和网络安全的问题，在物联网的应用过程中要做到信息化和安全化的平衡。

物联网的安全体系如图 2-4 所示。

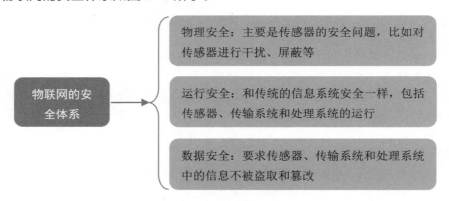

图 2-4 物联网的安全体系

2.3.2 感知层安全

物联网感知层的主要功能是智能感知外界信息，因此感知层的安全问题主要来源于两个方面：一是因感知层的感知通道被占用，导致无法感知外界信息和进行数据收集；二是因感知层被攻击，导致信息传递出现时差，使得信息被泄露。传感器网络安全技术主要包括基本安全框架、密钥分配和安全路由等。

RFID 技术是物联网感知层的核心技术之一，采用射频识别技术的网络安全问题，如图 2-5 所示。

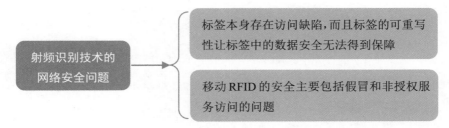

图 2-5　射频识别技术的网络安全问题

当然，除了上述两大问题以外，还有通信链路的安全问题。目前，解决射频识别技术网络安全问题的方法主要有物理方法和密码机制方法两种。

2.3.3　网络层安全

物联网网络层的主要功能是实现信息的转发和传送，按功能可以分为接入层和核心层，所以其安全问题如图 2-6 所示。

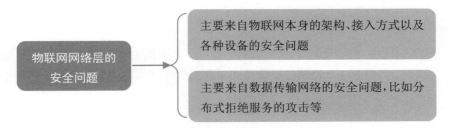

图 2-6　物联网网络层的安全问题

2.3.4　应用层安全

由于物联网应用层中的数据可能包含用户的个人信息和隐私，如果应用层遭到恶意攻击，将会导致用户数据被泄露。又因为物联网涉及众多领域和行业，所以物联网应用层的安全问题不容忽视。

物联网应用层的安全问题如图 2-7 所示。

除了物联网 3 大层次的安全问题以外，物联网的安全问题还有网络威胁和加密威胁的问题。其实，即使保证物联网 3 个层次的安全和终端设备不失窃，也无法完全保证整个物联网系统的安全。

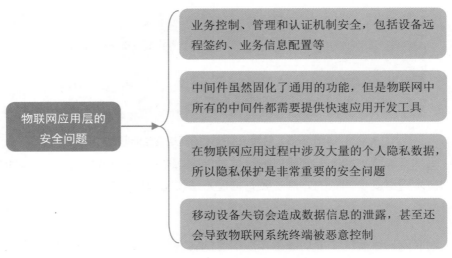

图 2-7　物联网应用层的安全问题

2.3.5　物联网的安全管理

虽然现在物联网行业有了一定的发展，但是其研究和应用还处在初级阶段，很多理论和技术还有待突破。下面笔者就来介绍物联网安全管理的相关内容。

1．物联网安全的特点

物联网的信息处理过程体现了物联网安全的特点和要求，其中无线传感器网络（Wireless Sensor Network，WSN）是物联网的关键技术，其安全特点如图 2-8 所示。

物联网安全的特点主要有 3 个方面，即感知信息的多样化、网络环境的多样化以及应用需求的多样化，这导致网络规模和数据的处理量非常大，且决策控制复杂，对物联网的发展和应用来说是不小的挑战。

2．物联网安全的技术架构

物联网安全的技术架构可分为 4 个方面，如图 2-9 所示。

3．物联网安全的模型

物联网安全的模型主要包括 3 个部分，具体内容如图 2-10 所示。

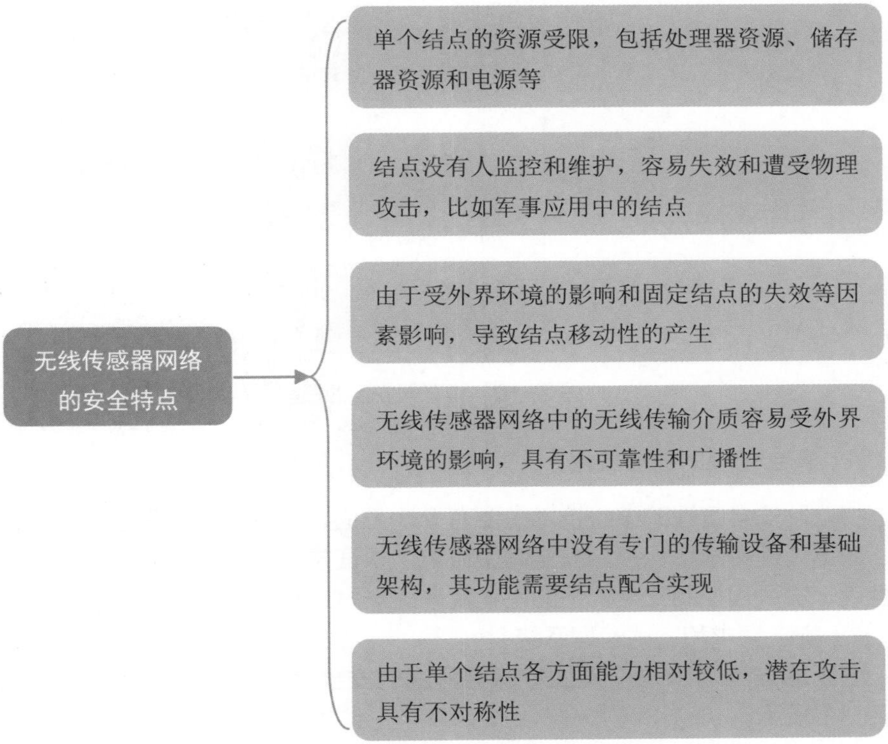

单个结点的资源受限，包括处理器资源、储存器资源和电源等

结点没有人监控和维护，容易失效和遭受物理攻击，比如军事应用中的结点

由于受外界环境的影响和固定结点的失效等因素影响，导致结点移动性的产生

无线传感器网络的安全特点

无线传感器网络中的无线传输介质容易受外界环境的影响，具有不可靠性和广播性

无线传感器网络中没有专门的传输设备和基础架构，其功能需要结点配合实现

由于单个结点各方面能力相对较低，潜在攻击具有不对称性

图 2-8　无线传感器网络的安全特点

应用环境安全技术，包括身份认证、访问控制和安全审计等

网络环境安全技术，包括无线网安全、传输安全和安全路由等

物联网安全的技术架构

信息安全防御技术，包括内容分析、病毒查杀和访问控制等

信息安全基础技术，包括密码技术、高速密码芯片以及信息系统平台安全等

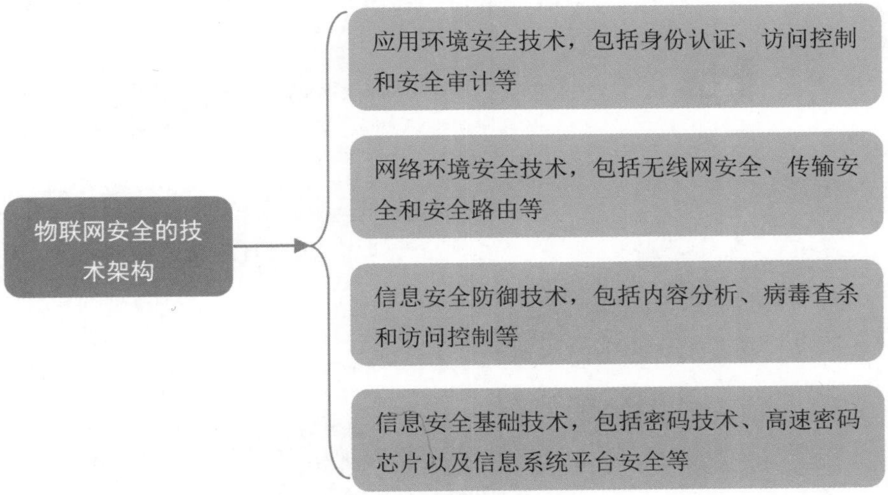

图 2-9　物联网安全的技术架构

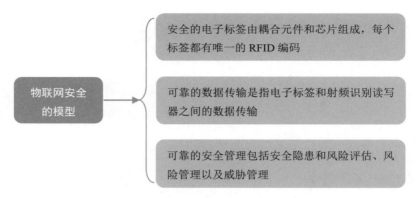

图 2-10　物联网安全的模型

4．安全管理的核心技术

物联网安全管理的核心技术主要有 6 个方面，分别是安全需求和密钥管理系统、数据处理和隐私保护、安全路由协议、认证技术和访问控制、入侵检测和容侵容错、决策和控制安全。下面笔者就来逐一为大家进行具体介绍。

1）安全需求和密钥管理系统

这里的安全需求是指无线传感器网络的安全需求，主要包括 5 个方面，如图 2-11 所示。

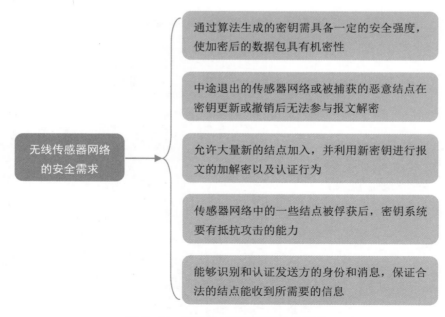

图 2-11　无线传感器网络的安全需求

密钥管理系统可以分为对称密钥管理系统和非对称密钥管理系统，在对称密钥管理系统中，其分配方式有 3 种，即基于密钥分配中心方式、预分配方式以及基于分组分簇方式。与非对称密钥管理系统相比，对称密钥管理系统在计算机复杂度方面具有优势，但在密钥管理以及安全性方面相对不足。

2）数据处理和隐私保护

在物联网的应用过程中，要考虑信息收集的安全性和数据传输的私密性。物联网技术能否被广泛地推广和应用，在很大程度上取决于是否能保障个人信息数据和隐私的安全。

隐私保护的方法主要有位置伪装、时空匿名以及空间加密等。

3）安全路由协议

因为物联网的路由需要跨越多种网络，所包含的协议也各有不同，所以，物联网路由起码要解决多网融合的路由和传感网的路由这两个问题。多网融合的路由问题可以通过把身份标识映射成相似的 IP 地址，以实现基于地址的统一路由体系；传感网的路由问题则需要通过设计抗攻击的安全路由算法来解决。

4）认证技术和访问控制

认证指的是用户通过某种方法来证明自己信息的真实性，网络中的认证主要有身份认证和消息认证两种。在物联网的认证机制中，传感网的认证是非常重要的部分，无线传感网络中的认证技术如图 2-12 所示。

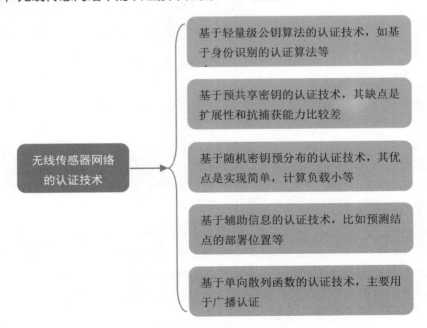

图 2-12　无线传感器网络的认证技术

访问控制指的是对用户合法使用资源的认证和控制。

5）入侵检测和容侵容错

入侵检测的意思是检测入侵行为，通过收集和分析各种信息和数据，检查网络和系统中是否有违反安全策略的行为或受攻击的现象。入侵检测系统采用的技术有两种，即特征检测和异常检测。

容侵，顾名思义，就是对侵入行为的容忍，指的是在存在恶意入侵的情形下，网络依然可以正常运行。目前，无线传感器网络的容侵技术主要应用在网络拓扑容侵、安全路由容侵和数据传输过程中的容侵机制。

容错指的是在发生故障的情况下，系统依然可以正常运行。目前，对容错技术的研究主要有3个方面，如图2-13所示。

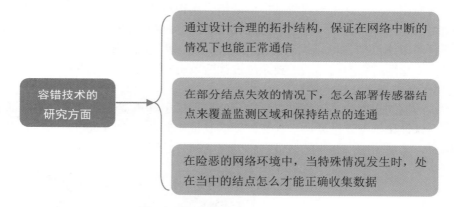

容错技术的研究方面

通过设计合理的拓扑结构，保证在网络中断的情况下也能正常通信

在部分结点失效的情况下，怎么部署传感器结点来覆盖监测区域和保持结点的连通

在险恶的网络环境中，当特殊情况发生时，处在当中的结点怎么才能正确收集数据

图2-13　容错技术的研究方面

6）决策和控制安全

物联网中数据的流动是双向的，一方面是从感知端收集各种信息，然后经过处理，储存到网络的数据库中；另一方面是根据用户的需求来进行数据的挖掘、决策和控制，以实现和所有互联物体的互动。

前面笔者讲过认证技术和访问控制能够对用户进行认证，这其中的关键是保证决策和控制的正确性和可靠性。由于传统的无线传感器网络侧重于感知端信息的收集，因此对决策和控制的安全不够重视。

2.4　发展结构：物联网的产业情况

本节笔者将要为大家讲解物联网产业的发展模式、产业链和产业结构、国外物联网产业链的发展，以及我国物联网产业的市场情况等内容，让大家比较全面地了解物联网领域的产业情况。

2.4.1　物联网应用的商业模式

物联网产业链由设备提供商、应用开发商、方案提供商、网络提供商、业务运营商以及用户组成。

在物联网发展的初始阶段，业务进展的推动以终端设备提供商为主，通过获取客户需求，寻求应用开发商，然后根据需求进行业务开发。网络提供商负责提供网络服务，方案提供商则负责把解决方案提供给业务方使用。

目前，物联网应用的商业模式主要有移动运营商主导的运营和系统集成服务商主导的运营。

2.4.2　物联网产业链的 8 大环节

物联网产业链包括 8 个环节，分别是芯片供应商、传感器供应商、无线模组厂商、网络运营商、平台服务商、系统和软件开发商、智能硬件厂商、系统集成和应用服务提供商。下面笔者就分别对这 8 个环节进行详细介绍。

1.芯片供应商

如果把物联网比作人，那么芯片就相当于物联网的"大脑"。半导体芯片是物联网必不可少的组成部分之一，根据芯片功能的不同，物联网产业中的芯片用途也有所不同，比如有的芯片集成在传感器和无线模组中，有的嵌入在终端设备里。

传统的国际半导体芯片巨头有英特尔、高通等，国内的厂商主要有华为海思、紫光展锐等。对于国内情况来说，某些厂商把一些细分领域作为切入点，比如芯片设计、制造等，以此来缩小和海外厂商之间的差距。

如图 2-14 所示，为英特尔物联网芯片。

图 2-14　英特尔物联网芯片

2．传感器供应商

如果说芯片是物联网的"大脑"，那么传感器就是物联网的"五官"。传感器的本质是一种检测装置，用于收集各种信息并将其转换为特定信号。

工程上常用的传感器主要有3大类，即物理类传感器、化学类传感器和生物类传感器。根据传感器的基本功能又可细分为热敏元件、光敏元件和气敏元件等。

传感器行业目前主要是美国、日本和德国的几家龙头公司在主导，比如德州仪器、博世和意法半导体等。国内的传感器市场大部分被外资企业占领，本土企业的市场份额较小。

3．无线模组厂商

无线模组是物联网实现联网和定位的关键设备，它分为两大类，即通信模组和定位模组。常见的局域技术有 Wi-Fi、蓝牙和 ZigBee 等，广域技术有 NB-IoT，如图2-15所示。NB-IoT 属于低功耗广域网技术，其特点是覆盖广、成本低、功耗小，是专门为物联网的应用场景而开发的。

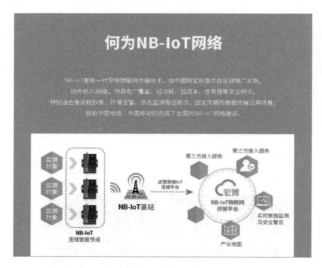

图2-15　NB-IoT 网络

在无线模组市场，外国企业同样占有主导地位，比如 Telit、Sierra Wireless 和 Sirf 等。虽然如此，国内企业的发展也比较好，能够提供产品和完整的解决方案，比如华为、中兴等。

4．网络运营商

网络掌控着物联网的通道，广义上的物联网网络指的是各通信网和互联网融合形成的网络，比如蜂窝网等。

目前，国内的基础电信运营商是我国物联网发展的主要推动者，比如中国移动、中国电信和中国联通，当然，还包括 SIM 卡制造商。

5. 平台服务商

平台是实现物联网有效管理的基础，也是设备汇聚、应用服务和数据分析的重要环节。根据功能的不同，物联网平台可分为 3 种类型，如图 2-16 所示。

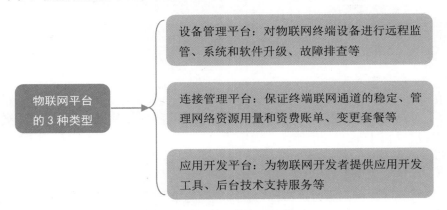

图 2-16　物联网平台的 3 种类型

国外的物联网平台服务商有思科、IBM 和谷歌等，而国内的物联网平台服务商主要有 3 类，如图 2-17 所示。

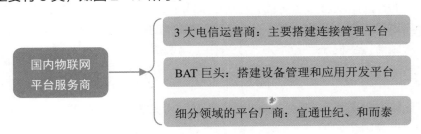

图 2-17　国内物联网平台服务商

6. 系统和软件开发商

系统及其软件能够让物联网设备有效地运行，物联网系统是管理和控制物联网硬件及软件资源的程序。目前，发布物联网系统和软件的开发商有谷歌、微软、苹果和华为等。因为物联网现在还处在初级阶段，所以软件的应用范围还不是特别广泛，主要集中在车联网、智能家居等领域，如盛路通信、海尔等。

7．智能硬件厂商

智能硬件是为物联网提供承载终端，通过集成传感器件以及通信功能，接入互联网以实现特定功能或服务的设备。按照购买客户群体划分，智能硬件可分为 To B 和 To C 两类，如图 2-18 所示。

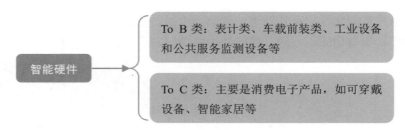

图 2-18　智能硬件

To B 类的智能硬件厂商有三川智慧、先锋电子、汉威电子等；To C 类的智能硬件厂商有 TCL、海信集团、海尔等。

8．系统集成和应用服务提供商

系统集成和应用服务是实现物联网应用的重要环节，系统集成的过程就是按照复杂的信息系统的要求，将多种产品和技术验证并接入完整的解决方案。当前，系统集成方法有两大类，即设备系统集成和应用系统集成。

物联网系统集成的客户人群和应用方向一般是大型客户和垂直行业，例如政府部门、水务公司以及石油钢铁企业等。系统集成商能够帮助客户解决各种设备、建筑环境以及人员配备等问题，为客户提供优秀的解决方案。当下，我国系统集成和应用服务提供商主要有华为、中兴和星网锐捷等。

2.4.3　国外物联网产业链的发展

下面笔者以美国和日本这两个国家为例，为大家介绍国外物联网产业链的发展概况，具体内容如下。

1．美国

美国物联网产业的发展环境相对来说比较成熟，主要是以政府作为核心推动力，政府和行业监管是其物联网产业发展的重要因素。美国物联网产业发展的环境优势如图 2-19 所示。

2．日本

日本政府也大大推动了日本物联网产业的发展，日本物联网产业发展的环境优势与美国大体一致。除此之外，日本物联网产业链的环节非常清晰，但产业链内部的整合和美国相比还存在一定的差距。

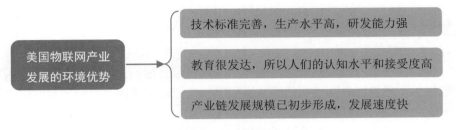

图 2-19 美国物联网发展的环境优势

2.4.4 我国物联网产业市场情况

目前，我国物联网技术发展迅速，虽然还处在初级阶段，但是正在逐渐深入到各个领域和行业当中，应用范围也在不断扩大。接下来笔者从物联网产业运营的商业模式、市场环境和投资环境来分析我国物联网产业的市场情况。

1．商业模式

目前，我国物联网产业运营还没有形成成熟稳定的商业模式，各种商业模式并行。我国物联网产业运营的商业模式如图 2-20 所示。

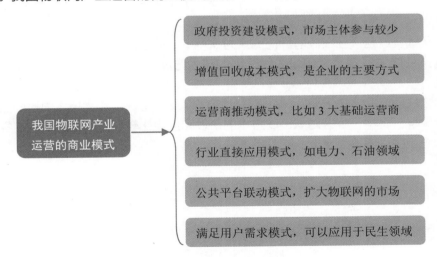

图 2-20 我国物联网产业运营的商业模式

2．市场环境

要想推动物联网产业的快速发展，就需要提供一个良好的市场环境。下面笔者从 3 个方面来对我国物联网产业的市场环境进行分析，具体内容如下。

1）行业市场

由于各行业的需求和实际情况都不相同，所以怎样选择适合每个行业的商业运营模式成为阻碍物联网产业发展的因素。

2）家庭应用市场

物联网在家庭领域的应用范围很广，案例也有很多，比如家庭安防系统的实时监控等。通过物联网技术把家庭连接成一个整体，并对物品进行管理和操作。

3）个人应用市场

以个人需求作为市场而开发的物联网应用产品有很多，比如可穿戴设备等，利用优质的网络服务和智能化技术，满足用户的个性化需求。

3．投资环境

目前，我国物联网的发展正处于起步阶段，作为新兴的产业，物联网行业的发展前景和投资价值是巨大的。但是，由于多种客观因素，现阶段我国物联网产业的投资风险较大，这也成为制约物联网产业快速发展的原因之一。

物联网企业的投资类型有两种，即有形资产投资和货币投资。有形资产投资就是把固定资产投入到经营中获取利润的方式；货币投资则是通过现金出资的方式参与经营管理，以谋取利润。

2.4.5　我国物联网产业的发展

我国物联网产业在政府部门的大力扶持下，通过各种方式，正在积极探索物联网产业的发展道路，但是在物联网的技术方面与发达国家相比还存在较大的差距。

物联网产业是由 RFID、WSN、M2M 以及两化融合 4 大技术为核心组成的产业集群。其中，我国对 RFID 技术的研发和应用比较早，所以在目前的物联网技术应用中占据较大比重。

第 3 章
物联网在智能家居中的应用

学前提示

　　物联网的兴起与快速发展使得智能家居这一概念火热起来，越来越多的人希望利用自己的手机或者其他移动电子设备通过物联网技术与家中的电器设备连接，并进行全方位的智能控制，从此开启一个便捷的智慧生活时代。

3.1 先行了解：智能家居的基础概况

智能家居是现在非常火热的概念，它包括家居生活各个方面的智能化，是物联网应用非常重要的一个方面。本节将着重介绍智能家居的相关基础知识，看看智能家居将如何引导人们进入智能化生活。

3.1.1 智能家居的概念

智能家居是利用先进的计算机技术、网络通信技术、综合布线技术、自动控制技术、音视频技术等依照人体工程学原理，融合个性需求，将与家居生活有关的各个子系统集成在一起。

例如，安防、灯光控制、煤气阀控制等有机地结合在一起，通过网络化综合智能控制和管理，构建高效的住宅设施与家庭日常事务的管理系统，提升家居安全性、便利性、舒适性，并实现环保节能的居住环境。

通过智能家居，可智能地控制太阳能热水、中央空调、中央新风、中央除尘、地暖、家庭影音、中央热水、中央水处理、安防监控、家居智能、暖气片等。

微软公司董事长比尔·盖茨曾经在深圳宣布了一项专门针对中国信息产业和家电市场的计划——"维纳斯计划"，这是为中国量身定做的数字生活家电解决方案，如图3-1所示。

图3-1 "维纳斯计划"城市系统

该计划打算使用嵌入式Windows CE操作系统简化版本的顶置盒或VCD机（售价只有一台个人电脑的1/5左右），充分利用中国庞大的电视机资源，从而让中国大多数并不富裕的消费者领略到精彩的物联网世界。

其目标是要开发一个集计算、娱乐、交流、教育、通信等功能于一体或相结合的产品。而其产品最大的特点就是价格便宜，易学易用，能够满足非PC用户使用电脑和上网的需求。

遗憾的是，尽管微软耗资数十亿美元，在全球范围内力推"维纳斯计划"，向信息家电领域挺进，但这个轰轰烈烈的计划最终以失败告终。值得高兴的是，虽然当年微软的"维纳斯计划"最终没有成功，却为日后物联网的发展奠定了一定的基础。

比尔·盖茨当年的梦想由苹果和谷歌通过 iOS 和 Android 实现了，主导了新一代产业，也开启了家居的智能时代。智能家居又称智能住宅，是人们的一种居住环境。因其以住宅为平台安装有智能家居系统而得名。

专家提醒

智能家居在国外常用 Smart Home 表示。与智能家居含义近似的概念还有家庭自动化(Home Automation)、电子家庭(Electronic Home、E-home)、数字家园(Digital Family)、家庭网络(Home Net/Networks for Home)、网络家居(Network Home)、智能家庭/建筑(Intelligent Home/Building)，在我国香港和台湾等地区，还有数码家庭、数码家居等叫法。

智能家居能够让用户用更方便的手段来管理家庭设备，从而达到使用户轻松享受生活的目的。

例如，当你出门在外时，你可以通过电话、电脑、互联网或者语音识别来远程遥控家居的智能系统，还可以执行场景操作，使多个设备形成联动。你还可以使用遥控器控制房间内各种电器设备，在到家之前，就可以通过智能化照明系统选择预设的灯光场景，在读书时营造书房舒适的安静氛围，在卧室里营造浪漫的灯光氛围。如图 3-2 所示，为智能家居的控制界面。

图 3-2　智能家居的控制界面

专家提醒

　　物联网在家居方面的丰富应用目前正在快速展开，各种各样的畅想铺天盖地。这些时尚趋势促使人们从物联网的角度看待智能家居。物联网说到底是为人服务的，而家庭不仅是社会最广泛的基本单元，更是人们长时间停留的场所，这两个因素决定了智能家居必将成为物联网最重要的应用场所。

3.1.2　智能家居的优势特点

　　智能家居概念的起源很早，但一直都不曾有具体的建筑案例出现，直到美国联合科技公司将建筑设备信息化、整合化概念应用于美国康乃迪克州哈特佛市的 City Place Building 时，才出现了首栋 "智能型建筑"，从此揭开了全世界争相建造智能家居的序幕。

　　近年来，智能家居行业发展已步入正轨，成为全球的热门行业，其特点有以下几个方面。

1．安全可靠

　　安全是最基本的保证，从外部因素考虑，通过中控系统可以对房间内各个区域的灯光、家用电器、电动窗等设备进行集中控制。

　　即使出门在外，远程监控也可以在任何角落随时随地关注家里的老人和孩子，再也不用担心家里被盗、东西丢失了，如图 3-3 所示。

图 3-3　智能家居的严密安防

　　不仅如此，从内部因素考虑，智能家居的配套产品可以采用弱电技术，使产品处于低电压、低电流的工作状态，即使各智能化子系统 24 小时不停地运转，可以保障产品的寿命、安全性。

　　智能家居系统采用定时自检、通信应答、环境监控等相互结合的方式，达成系统运行的可执行、可报警、可评估功能，保障系统的可靠性，让用户用得放心。

2．便于管理

　　智能家居的基本目标是为用户提供一个舒适、安全、方便和高效的生活环境，配套产品以实用为核心，以易用、个性化为方向。

　　传统家居需要我们一个一个地去按按钮，如果要看电视，那么就必须先走到电视机前开总开关；如果要开灯，那么就必须下床亲自找到电灯开关才能开灯等。智能家居可通过电脑、手机、遥控器等一个移动终端登录网络，对灯光、安防、电动窗帘、天然气、空调等多个家用电器进行控制，如图 3-4 所示。

图 3-4　智能家居远程遥控，方便快捷

3．操作简单

　　指尖轻轻一触便可实现回家、离家、会客、娱乐等多种情景模式操作，不用担心老人、孩子不会用，只要拿起手机就能轻松搞定，如图 3-5 所示。

图 3-5　智能家居控制主界面

4．易于维护

智能家居分为总线式布线、无线通信和混合式 3 种安装方式。其中无线通信智能家居的安装、调试、维护、更换最简单，如图 3-6 所示。

图 3-6　方便维护的智能家居

无线通信智能家居系统所有配套产品采用无线通信模式，在安装、添加产品时，可根据客户的不同需求来添加或减少设备。其 DIY 性强，局部控制元件故障不影响整个系统的运行，不需要布实体线，所以不会影响现有装修。智能家居相应的设备可轻松扩展或拆卸，使得对系统的日常维护变得轻松方便。

5．个性实用

智能家居的设计，是本着"以人为本"的宗旨的，根据用户对智能家居的需求，为客户提供实用的功能配置，包括但不局限于智能照明控制、智能家电控制、家居安防、环境监测、远程控制系统、个性设置平台等。

智能家居既可以实现遥控控制、本地控制、集中控制，也可以使用手机远程控制、感应控制、网络控制、定时控制等。它可以结合市场上的前沿技术，实现用户的独特需求。

6．节省能源

智能家居可利用排程和传感设备来控制系统，做到只在需要的时候提供智能照明及空调开启和关闭，可根据环境的光线自动调节智能照明的亮度，以此来实现节能减耗，实现流行的"低碳生活"。

7．标准规范

智能家居系统方案的设计和产品依照国家和地区的相关标准执行，确保系统的扩充性和扩展性，例如，系统通信传输采用标准的 TCP/IP 协议网络技术。

专家提醒

智能家居还能提供始终在线的网络服务，与互联网随时相连，为在家办公提供了方便；还可以进行环境自动控制，如家庭中央空调系统；还能提供全方位家庭娱乐，如家庭影院系统和家庭中央背景音乐系统；亦能实现家庭信息服务，管理家庭信息及与小区物业管理公司联系；甚至还能进行家庭理财服务，通过网络完成理财和消费服务。

3.1.3　智能家居众多功能

智能家居的兴起，在于它比传统家居更便捷、更人性化。智能家居有遥控、电话、网络、定时、集中控制等诸多功能，如表 3-1 所示。

表 3-1　智能家居的功能

功　能	应　用
遥控控制	"万能遥控器"——这个遥控器可用来控制家中灯光、热水器、窗帘、空调等设备的开启和关闭，还可控制家中的红外电器，如电视、音响等红外电器设备。通过遥控器的显示屏可在一楼查询并显示出二楼灯光电器的开启 / 关闭状态
电话控制	出差或不在家时，可通过手机、固定电话来控制家中的设备。例如，可使空调提前制冷或制热；通过手机或固定电话还可以得知室内的空气质量、家中电路是否正常等。即使不在家，也可以通过手机、固定电话来自动给宠物喂食、给花草浇水等
网络控制	只要是在有网络的地方，都可以通过 Internet 登录到家中，可远程控制电器工作状态和信息查询。例如，在外地出差时，利用外地网络计算机，登录相关的 IP 地址，就可以控制远在千里之外的家里的所有设备
定时控制	可提前设定某些产品的自动开启 / 关闭时间，例如，电热水器每天晚上 8 点自动开启加热，11 点自动断电关闭，在享受热水洗浴的同时，也达到了省电、舒适和时尚的效果
场景控制	轻轻触动一个按键，数种灯光、电器便会随着主人的喜好自动执行，浪漫、安静、热烈、明亮，只要你想得到，智能家居业便一定能做得到，可感受到科技生活的完美和便捷、高效

功　能	应　用
集中控制	下班回家，可以在进门的玄关处同时打开客厅、餐厅、厨房的灯，夜晚在卧室也可控制客厅和卫生间的电器，方便安全，还可以随时随地查询各种电器设备的工作状态
监控功能	不论何时何地，视频监控功能都可以直接透过局域网络或者宽带网络，使用浏览器进行远程影像监控，并且支持远程 PC 机、本地 SD 卡存储，移动侦测邮件传输、FTP 传输，对于家庭用远程影音拍摄与拍照更可达成专业的安全防护与乐趣
报警功能	当有小偷试图进入家中时，"聪明"的设备能自动拨打电话，并联动相关电器做报警处理，即使主人出门在外也不用担心家里的安全
娱乐系统	"数字娱乐"则是利用书房电脑作为家庭娱乐的播放中心在客厅或主卧大屏幕电视机上播放来源于互联网上海量的音乐、电视、影视、游戏和信息资源等。安装简单的相关终端后，家庭的客厅、卧室、起居室等地方便都可以获得视听娱乐内容
布线系统	通过一个总管理箱将电话线、宽带网络线、有线电视线、音响线等弱电的各种线统一规划在一个有序的状态下，达到统一管理家里电话、电脑、电视、安防监控设备和其他网络信息家电的目的。使之使用更方便、功能更强大、维护更容易、更易扩展新用途，并实现电话分机、局域网组建、有线电视共享等功能
指纹锁	即使不小心忘带了房门钥匙，或者亲朋好友来家里造访时，主人正好不在家，远在外地的主人只要用手机或电话就可以方便地将房门打开，欢迎客人。且随时随地房子的主人都能用手机或电话"查询"家中指纹锁的开 / 关状态
空气调节	如果主人在出门时忘了开窗通风，或者天气干燥时，希望自己家里的空气清新湿润，那么空气调节设备就可以实现既不用整日开窗，或者喷空气清新剂，就能定时更换经过过滤的新鲜空气
宠物保姆	出门在外的时候，家里的宠物吃饭喝水没人照顾怎么办呢？家里的植物没有人浇水怎么办呢？没关系，现在只要拨通家里的电话，发布命令，就能给自己心爱的宠物喂食、给自己心爱的植物浇水了

3.1.4　智能家居技术系统

在传统的家居生活中，很多家电如电视、空调等都是用遥控器控制开关的，一旦人离开了房间，对它们就无法进行控制了。而智能家居中的家电，是可以用每天不离身的手机控制的。主人离开了房间，也可以通过手机控制家电，如

图 3-7 所示。

图 3-7 智能家居控制系统

　　智能家居控制系统包含的主要子系统有家居布线系统、智能家居控制（中央）管理系统（包括数据安全管理系统）、家居照明控制系统、家庭安防系统、家庭网络系统、家庭影院与多媒体系统、家庭环境控制系统。

　　智能家居控制系统又分为必备系统和可选系统。在智能家居系统产品的认定上，厂商生产的智能家居必须是属于必备系统，能实现智能家居的主要功能。

　　那么哪些系统属于必备系统？而哪些系统属于可选系统呢？智能家居控制管理系统、家居照明控制系统、家庭安防系统是智能家居中的必备系统，而家居布线系统、家庭网络系统、家庭影院与多媒体系统、家庭环境控制系统则为可选系统，如图 3-8 所示。

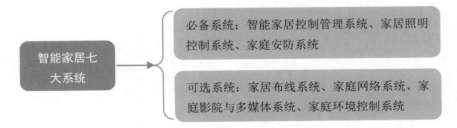

智能家居七大系统

必备系统：智能家居控制管理系统、家居照明控制系统、家庭安防系统

可选系统：家居布线系统、家庭网络系统、家庭影院与多媒体系统、家庭环境控制系统

图 3-8 智能家居七大系统

　　由于智能家居采用的技术标准与协议不同，大多数智能家居系统都采用综合布线的方式。对于一个智能住宅，需要有一个能支持语音、数据、家庭自动化、多媒体等多种应用的布线系统，这个系统也就是智能化住宅布线系统。

　　但少数系统就不采用综合布线技术，而是改用电力载波技术。不论哪一种情况，都一定有对应的网络通信技术来完成所需的信号传输任务，因此网络通信技术是智能家居集成中最关键的技术，如图 3-9 所示为网络通信技术的应用。

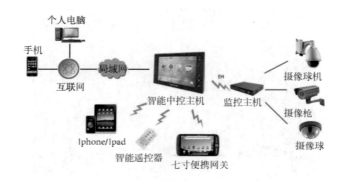

图 3-9 网络通信技术的应用

自动控制技术是智能家居系统中必不可少的技术，被广泛应用在智能家居控制中心、家居设备自动控制模块中，对于家庭能源的科学管理、家庭设备的日程管理都有十分重要的作用。

家庭影院与多媒体系统包括家庭影视交换中心和背景音乐系统，是家庭娱乐的多媒体平台。它运用先进的微电脑技术、无线遥控技术和红外遥控技术，在程序指令的精确控制下，把机顶盒、卫星接收机、电脑等多路信号源，能够根据用户的需要，发送到每一个房间的电视机、音响等终端设备上，实现一机共享客厅的多种视听设备。

安全防范技术也是智能家居系统中必不可少的技术，家庭安防系统包括以下几个方面的内容：视频监控、门禁一卡通、对讲系统、紧急求助、烟雾检测报警、燃气泄漏报警、红外双鉴探测报警等，如图 3-10 所示。

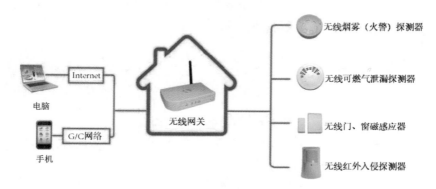

图 3-10 智能家居安防系统

目前，应用于智能家居的技术主要有 3 大技术，如表 3-2 所示。

表 3-2 智能家居的 3 大技术

名　称	说　明	应　用
集中布线技术	要重新额外布设弱电控制线来实现对家电或灯光的控制，因为重新布线，所以信号最稳定	以前主要应用于楼宇智能化控制，比较适合楼宇和小区智能化等大区域范围的控制。现开始部分应用于别墅智能化，但一般设置安装比较复杂，造价较高，工期较长，只适用新装修用户，例如 I-BUS 技术。典型厂家有 ABB 公司、德国莫顿等
无线射频技术	无须重新布线，利用点对点的射频技术，实现对家电和灯光的控制，安装设置都比较方便	主要应用于实现对某些特定电器或灯光的控制，但系统功能比较弱，控制方式比较单一，且易受周围无线设备环境及阻碍物干扰。适用于新装修户和已装修户单个电器或灯控制。典型厂家有波创科技
X10 电力载波技术	无须重新布线，主要利用家庭内部现有的电力线传输控制信号实现对家电和灯光的控制和管理	比较适合大众化消费，技术非常成熟，已有 25 年左右的历史，现在美国已有 1300 万家庭用户。适用于新装修户和已装修户，是比较健康、安全、环保的智能家居技术。安装设置简单，很多设备可即插即用，且可随意按需选配产品，可以不断地智能化升级，功能相对比较强大而且实用，价格适中

3.1.5 物联网的智能家居应用

物联网技术在智能家居的应用中分别有着不同的功能和作用。接下来，笔者就从安全防护、家电控制、能耗监测以及空气监测等方面来讲解物联网在智能家居中的应用情况。

1. 安全防护

物联网通过把网络和红外传感等技术相融合，进而有效地监测和控制家庭中的各个区域和设备，为家庭成员提供严密的安全防护。

智能摄像头等视频监控设备让人们在外出时，可以远程实时地监控家中的情况，并上传相应的动态化录像，有效防止盗窃事件的发生。另外，安防预警系统也可以有效地应对各种突发状况，自动启动报警系统，让用户在第一时间内知道异常情况，并采取应急措施。如图 3-11 所示，为家庭安防预警系统。

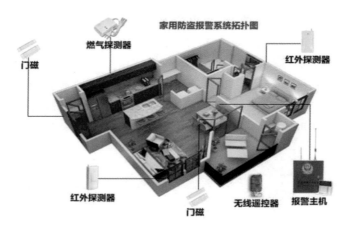

图3-11 家庭安防预警系统

将物联网技术应用在智能家居的安防系统中，可以通过各种功能，有效地保障家庭环境以及家庭成员之间的安全，使人们享受舒心的生活。

2. 家电控制

物联网通过把移动终端设备和家庭设备连接起来，可以实现人和设备的信息交互，让人们根据个人的实际需求，方便快捷地控制空调、冰箱、洗衣机等各类家用电器。即使有事外出，也可以通过物联网及时了解家庭各电器的实际运行状态，获取实时运行数据。例如，光照传感器通过了解家庭中的采光情况，然后控制电动窗帘等设备，实现远程开窗通风。如图3-12所示，为光照传感器。

图3-12 光照传感器

再如，无线温度传感器通过监测室内温度来自动开启空调，并合理地调节温度，给人们提供舒适的生活环境，如图3-13所示。

除此之外，智能插座在智能家居中也发挥着十分重要的作用。用户可以通过智能插座中的通信和控制模块进行连接和远程操控，了解各个家电设备的开关状态和耗电量，实现家居设备的智能化管理。如图 3-14 所示，为智能插座。

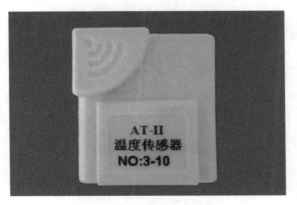

图 3-13　无线温度传感器

图 3-14　智能插座

3．能耗监控

　　发展智能家居是实现低碳生活的重要途径，通过将传感设备和排程相结合，可以有效地控制家庭设备，实现对家用电器的统一管理。

　　例如，利用能耗检测装置和智能电表来详细地了解水、电以及天然气的使用情况，可以制定个性化的服务需求并进行管理控制，减少能源浪费。如图 3-15 所示，为智能电表。

4．空气监测

　　在智能家居中，利用空气质量传感器可以对住宅中的空气质量进行监测，根据当前的空气质量状态自动开启空气净化器，有效地优化室内空气质量，为家庭成员提供更清新的空气环境。如图 3-16 所示，为空气质量传感器。

图 3-15　智能电表

图 3-16　空气质量传感器

5．智能照明

　　智能照明是智能家居系统中的一个重要组成部分，是基于物联网技术的实时管控的智能照明家居系统，能够远程操控灯光颜色和明亮度、调节敏感程度、定时照明等。用户可以根据不同的光线需求对照明设备进行调节控制，以营造不同的环境氛围。如图 3-17 所示，为智能照明控制系统结构图。

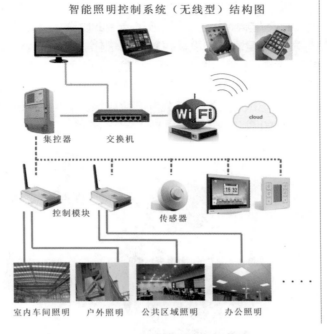

图 3-17　智能照明控制系统结构图

3.2　全面应用：智能家居的产品介绍

与传统家居不同，智能家居不仅具有居住功能，更重要的是它将一批原来静止的家居设备转变为具有"智慧"的工具，为人们提供了更加高效节能、舒适安全、具有高度"人性化"的生活空间。

3.2.1　智能电饭煲，提供更加智能化的功能

随着家用智能用品技术的发展，智能家庭服务不再是幻想，尤其是在移动物联网的大环境下，智能家庭服务设备已变得越来越灵活。

常下厨的人会有这样的体验：倘若一道料理需要花费很长时间慢火熬制，那么等待的时间并不轻松。你要时不时地放下刚刚玩了一会儿的游戏、看了半集的连续剧，跑进厨房查看。

智能家居的物联网理念，就是要让人们的生活更方便。于是，智能厨具解决了用户的"痛点"。

电饭煲经历了最初的仅靠一个按键控制来对米进行加热，到第二代增加了LED 显示屏可以显示温度等功能，再到第三代的电饭煲可以煲汤、煮粥，到如

今的智能电饭煲可以全方位地对米进行加热，保障米饭的营养不流失、米质均一、口感统一。可以说，智能电饭煲已经打破了低端的魔咒，开始走向智能化。

随着科技的发展，电饭煲的设计也愈加人性化。例如市场上有的智能电饭煲的设计就增加了一项婴儿粥功能，不仅可以烹饪出适合婴儿食用的粥，还附带了语音功能。在物联网迅速发展的今天，电饭煲将更加智能，可以直接连接手机APP，通过手机控制电饭煲，在回家之前开启电饭煲，回到家便能享受到美味、热气腾腾的米饭了，如图 3-18 所示。

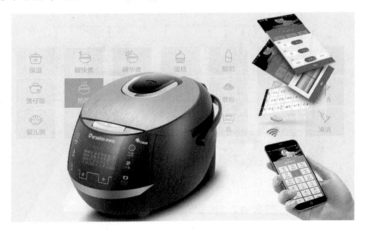

图 3-18　手机远程控制电饭煲

随着移动物联网的思维不断深入，使用普通手机对家用电器进行远程全自动智能控制的系统智能产品将不断出现。未来的移动物联网智能生活靠的就是这一点一滴的智能创新所带来的。

3.2.2　智能空气净化器，让生活环境更加美好

"雾霾"已成为中国最广泛关注的大事件，糟糕的环境严重影响了我们的身体健康，长时间暴露在有污染的室内环境中，对我们的身体有百害而无一利，大环境我们一时难以改变，但是自己的家，你是拥有完全控制权的，透过智能生活产品你可以改善自己的"一亩三分地"。

空气中的许多污染物很难通过肉眼感知，却可以依靠智能设备监测室内环境，不仅可以锁定污染物的来源，有效地改善空气质量，通过对湿度、温度、二氧化碳、氧气浓度的智能调节，能让我们一直处在最适宜的家居环境中。

相关监测数据预计，未来我国空气净化器销量将保持 30%~35% 的高速增长。这些数据一方面使我们对周边的空气环境产生一种危机感，另一方面也直接说明了空气净化器在未来的重要性。

智能空气净化器的投资案例接连不断，除了前面我们提到的小米涉足空气净化器领域，互联网企业在移动物联网模式下的创新也从未停止过。

例如，墨迹天气这家天气应用公司推出了一款叫作"空气果"的智能硬件，可以说这就是一款可以测量天气和空气数据的小型个人气象站，如图 3-19 所示。

图 3-19 墨迹天气"空气果"

通过与墨迹天气 APP 相连后，用户可以在手机上一键监测"空气果"所在室内的健康级别，获得温度、湿度、二氧化碳浓度、PM2.5 浓度等数据。通过空气果的数据与墨迹天气的室外数据进行对比，得出健康级别，如图 3-20 所示。

图 3-20 "空气果"的主要功能

"空气果"具备一般移动物联网产品的连接功能，可以通过 Wi-Fi 与手机的墨迹天气 APP 进行连接，随时了解室内环境的健康级别，即使出门在外，也能随时随地了解家人所在的空气环境水平。

专家提醒

在移动物联网这样的大环境背景下，智能化的空气净化器正在成为刚需产品，并有机会成为智能生活的突破口，当然，空气检测与净化还需要通过大数据形成从环境监测、数据收集到空气净化的良性循环，并以透明的价格被广大消费者接受。

3.2.3 体感游戏机，带来不一样的娱乐体验

科技的进步促使人们的生活节奏日益加快。在如此快节奏的生活下，人们的身体和精神极易疲劳，尤其是精神，当社会给予的约束难以释放时，大多数人会选择虚拟世界，通过玩游戏解压。

而随着虚拟现实等技术的发展，如果你的游戏还仅限于 PC 端的网络游戏或手机端的移动游戏，那么你就 OUT 了。

传统的互联网游戏存在着非常多的弊端，尤其是对玩家的心理和生理的一些影响是众所皆知的。那么，在物联网时代的智能生活，又会为家庭娱乐带来一些什么样的创新呢？

随着移动终端功能的逐步完善，再加上与其他智能硬件的结合，体感游戏正在进入平常人的生活，成为家庭娱乐重要的组成部分。

体感游戏，顾名思义，就是用身体去感受的电子游戏。突破以往单纯以手柄按键输入的操作方式，是一种通过肢体动作变化来进行（操作）的新型电子游戏，也是物联网技术的重要体现，如图 3-21 所示。

图 3-21　体感游戏

现在只要将自己的移动终端通过无线网或蓝牙连接就可以直接进行游戏控

制。试想，通过虚拟现实技术体验雄鹰翱翔于天际的独特视角，或是置身于球场和 NBA 明星打一场篮球赛，抑或是足不出户体验异域风情。

一款名为"AIWI 体感游戏"的手机应用就是这方面的代表。AIWI 体感软件可以将智能手机化身为体感游戏手柄的专业软件。

智能手机及电脑端安装 AIWI 软件后，通过无线连接，马上可以直接操作控制电脑并且开心地玩 AIWI 体感游戏平台上的游戏，游戏平台提供多款自制游戏下载，如图 3-22 所示。

图 3-22　AIWI 体感游戏

体感游戏就是建立在移动物联网的基础之上的一种家庭娱乐游戏模式，它将手机、平板或专属的游戏手柄作为游戏控制设备，通过 Wi-Fi 或个人热点与游戏显示，如智能电视、笔记本电脑进行连接，从而在手机上实现对游戏的控制，带来不同的游戏体验，如图 3-23 所示。

图 3-23　AIWI 体感游戏的移动物联网模式

3.2.4 智能开关，让生活更加方便快捷

智能开关是指利用控制板和电子元器件的组合及编程，实现电路智能化的器件。它打破了传统的机械式墙壁开关的开与关的单一作用，除了功能上的创新外，还因为样式美观而被赋予了开关装饰点缀的效果。它的功能特色多、使用安全，如图 3-24 所示。

图 3-24 传统开关 PK 智能开关

目前，家庭智能照明开关的种类繁多，已有上百种，而且其品牌还在源源不断地增加。智能开关的分类如表 3-3 所示。

表 3-3 智能开关的分类

分类名称	传输信号方式	优缺点
电力载波开关	采用电力线来传输信号	需要设置编码器，会受电力线杂波干扰，使工作十分不稳定，经常导致开关失控；价格很高，附加设备较多，一旦有问题售后非常麻烦，因为需要专业人士来安装
无线开关	采用射频方式来传输信号	经常受无线电波干扰，使其频率不稳定而容易失去控制，操作十分烦琐，价格也很高。附加设备也多，售后也非常麻烦，需要专业人士来安装
总线开关（第三代开关）	采用信号线来传输信号	稳定性和抗干扰能力强，信号靠专门的信号线来传输，达到开关与开关之间相互通信。采用普通开关的布线方式安装，普通电工就能安装

智能开关因其多种操作、状态指示等多种优点，被广泛应用。其优点如下。

（1）全开全关：假如晚上准备出门，或者临睡时发现其他房间的灯还没有关，有了智能开关之后，走到门口或者在自己床头直接按全关键，便可一键关闭家里所有的电灯。

(2) 多种操作：可以多控、遥控、时控、温控、感应控制等，任何一个终端均可控制不同地方的灯，或者是在不同地方的终端可控制同一盏灯。

例如，躺在床上时想关闭自己房间的灯，便可用红外遥控器远距离控制所有的开关，像关闭电视机一样用遥控来操作。若是出门远行，只需要用电脑或手机作为遥控器，就可以实现对室内空调、电视、电动窗帘等电器的控制，如图 3-25 所示。

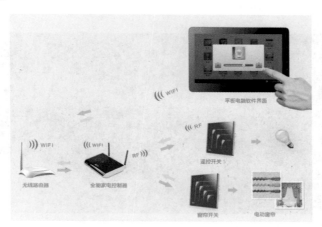

图 3-25　电脑远程遥控

(3) 状态指示：房间里所有电灯的状态会在每一个开关上显示出来，可单独关闭开关上的状态指示灯。按任意键可恢复，而不影响其他开关操作。

假如晚上睡觉时，你发现老人房里还有灯没有关，那么开关就会显示出是哪盏灯没有关，利用你手中的遥控器，就可以轻松关灯了。

(4) 本位锁定：如果主人在书房看书，且不想被其他人打扰，那么主人就可以通过设置禁止所有的开关对书房的灯进行操作，然后就可以享受宁静的看书时间了。

(5) 记忆存储：内设 IIC 存储器，所有设定自动记忆，对于固定模式的场景，无须逐一地开、关灯和调光，只需进行一次编程，就可一键控制一组灯。

(6) 断电保护：当电源关闭，智能遥控开关全部关闭，再来电时智能开关将自动关闭所有亮着的灯，不会因未知开关状态而造成人身伤害，也可以在无人状态下节省电能。普通开关没有这样的功能。

(7) 安全性好：在外出时可将灯光设置为防盗模式，系统将模拟主人在家时的场景，让家里的灯光时开时关，避免犯罪分子乘虚而入。

智能开关稳定性好、传输速度快、抗干扰能力强，单独使用专门的信号线，不受电力线、无线电等辐射杂波干扰，产品操作稳定性非常强。开关面板为弱电操作系统，开启 / 关闭灯具时无火花产生，老人及小孩使用时安全系数很高。

有合理化的电路安全设计，避免开关出现短路和烧毁等损失，当负荷未超过动作电流时，能保持长时间供电，有故障的电路切断后，也不会影响其他电路的工作。

(8) 自动夜光：晚上回家一进门，智能开关面板上会有很人性化的微亮夜光让您轻松找到开关，不像普通开关需要用手摸着感受开关的位置，如图 3-26 所示。

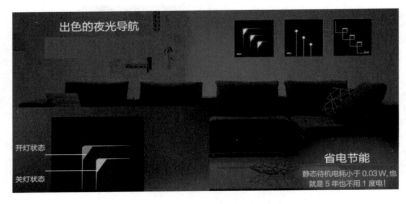

图 3-26　智能开关的夜光导航

(9) 安装方便：智能开关在普通开关的安装基础上，多了一条两芯的信号线，普通电工就可以安装，过程只需几分钟，大大节省了重新布线带来的昂贵成本。

每个开关可以说是一个单独的集中控制器。安装时只要将无线智能灯光控制模块安装在普通开关内即可，无须重新铺设电线或整修墙面，不需添加任何其他设备，安装快捷方便，客户更容易接受，如图 3-27 所示。

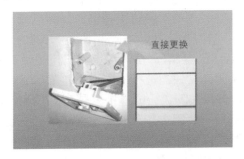

图 3-27　智能开关可与传统开关直接替换

(10) 配置灵活：可局部配置，也可全套居室配置。通过智能遥控器或家电控制器，以无线遥控的方式控制所有家电的电源开头，不必专门布线，只要将智能插座代替原有的插座面板，即可直接插在所有类型的插头上。

(11) 维修方便：某一个开关故障不会影响其他开关的使用，用户可直接更换新的智能开关，安装上去即可。在维修期间可用普通开关直接代替使用，且不会影响正常照明。

专家提醒

　　随着以 iPhone、iPad 为代表的智能移动终端的普及，智能开关的内涵也在发展，逐渐成为手机控的首选应用，在保留遥控开关的基础上，也拓展出了云服务后台的节点建议推送等多种复合的场景增值服务模式。智能开关也在经历由单一的个体、散户走向家庭集约联动的综合能源部署阶段。

3.2.5　智能床，完美适应人们的睡眠习惯

如果按正常时间来算，每个人每天至少要保证 8 小时睡眠，那么一个人一生在床上花费的时间就占去了生命的 1/3。传统的床不会动，需要我们去适应它，智能床则不然，它能够适应你。

例如，智能床的床垫和床单采用的材料能够根据人的体温调节温度，体温高时降低温度，体温低时提高温度。它还能够对人的睡眠数据进行统计和分析，如果发现感染，会向主人发出警告。在床的另一端设置有一个大尺寸触摸屏，能够实时显示这些数据，如图 3-28 所示。

图 3-28　智能床

晚上当床的主人睡到床上时，床就会开启"智能"模式，自动将房间里的灯都关掉，窗帘也会自动拉上，不用像传统模式那样，要一样一样地关掉之后，我们才能安心睡觉。当第二天我们起床后，床又会"智能"地启动起床模式。

随着物联网技术的发展，智能床将会拥有越来越多的功能，例如有的智能床还能起到保护脊椎、自由方便、减震安静、增进情趣的功能，因为它可以随时调节以满足主人的需要和喜好，如图 3-29 所示。

图 3-29　可调节的智能床

智能床还能够随着主人的睡眠习惯来调节改变床的模式，所以床的主人大可以按照自己的睡眠习惯让床变换不同的角度，让床来适应你。

3.2.6　智能灯泡，不仅"听话"还节能

智能灯泡是一种新型灯泡产品，通过物联网技术将互通核心模块嵌入其中。物联网的发展影响了灯泡产品的演变，未来的灯泡设计将会以 LED 照明灯泡设计为主流。智能灯泡与传统灯泡相比具有以下几个特点，如图 3-30 所示。

```
                      ┌─────────────────────────────────┐
                      │ 节能化：和白炽灯、荧光灯相比，智能灯泡非常省电， │
                      │ 其节电效率极其可观                │
                      └─────────────────────────────────┘
                      ┌─────────────────────────────────┐
                      │ 联动化：智能灯泡可以动态扫描其他的智能灯泡，并 │
                      │ 自动实现联网互动，满足用户需求          │
                      └─────────────────────────────────┘
  ┌───────────────┐   ┌─────────────────────────────────┐
  │ 智能灯泡的特点 │──│ 社交化：用户可以通过微博、微信分享自己的用色喜 │
  └───────────────┘   │ 好和用电习惯，同时获取别人的方案和策略     │
                      └─────────────────────────────────┘
                      ┌─────────────────────────────────┐
                      │ 人性化：智能灯泡能够主动将更好的用色、用电方案 │
                      │ 提供给用户，还能够通过短信、邮件表达赞美    │
                      └─────────────────────────────────┘
```

图 3-30　智能灯泡的特点

人们可以通过智能灯泡来设置自己喜欢的场景照明效果，智能手机也给人们提供了更加人性化的智能控制方式。智能灯泡能够模拟出各种情景环境来引导和改善人们的情绪，其社交属性也满足了人们的社交需求。如图 3-31 所示，为智能灯泡。

图 3-31　智能灯泡

3.2.7　扫地机器人，清洁卫生的小能手

扫地机器人能够自动完成清理卫生的工作，采用扫刷和真空的方式，把杂物吸进自身的垃圾吸纳盒中，从而完成卫生清理的工作。清扫、吸尘、擦地的机器人都属于扫地机器人。

扫地机器人的机身是无线机器，外形一般以圆盘为主，可以提前设定好时间预约打扫，能够自动地进行充电。扫地机器人安装有设置感应器，能够侦测到障碍物，如果碰到墙壁或障碍物会自动转弯绕道，而且根据不同厂商的设定，行走路线和清扫规划区域会有所不同，如图 3-32 所示。

图 3-32　扫地机器人

扫地机器人按照清洁系统分类，可分为 3 种类型；按侦测系统分类，可分为两种类型，如图 3-33 所示。

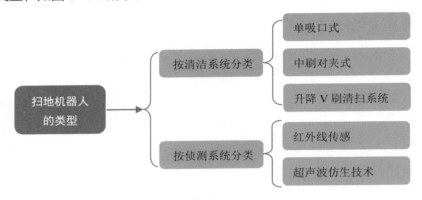

图 3-33　扫地机器人的类型

随着智能家居的发展和生活水平的提高，扫地机器人因其简单方便的属性更多地被应用和普及，深受大家的欢迎。但是，在使用过程中也要注意以下几点，防止发生火灾事故，如图 3-34 所示。

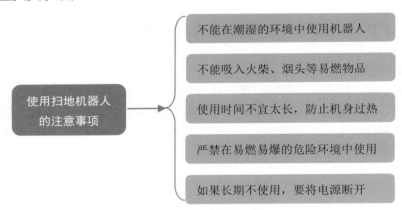

图 3-34　使用扫地机器人的注意事项

3.2.8　智能晾衣架，让人们穿上健康舒服的衣物

智能晾衣架是一种集成式多功能智能晾衣架，通过遥控或者语音来实现照明、杀菌和风干等功能，并利用电机的正反转来实现衣杆的上升和下降等功能。如图 3-35 所示，为智能晾衣架。

和扫地机器人一样，智能晾衣架在使用过程中也需要注意一些事项，掌握正确的使用方法，如图 3-36 所示。

图 3-35　智能晾衣架

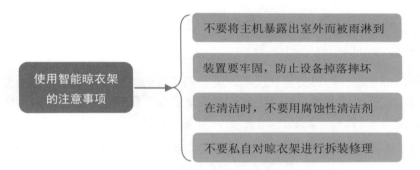

图 3-36　使用智能晾衣架的注意事项

　　由于传统的手摇晾衣架存在各种缺陷，无法满足消费者日益增长的需求，所以智能晾衣架顺应智能家居发展的时代要求应运而生。在不久的将来，智能晾衣架有可能会取代传统的户外晾衣架和室内手摇晾衣架。

3.2.9　智能门锁，兼具便捷性和安全性

　　智能门锁是在传统机械锁的基础上改进而来的，在安全、识别以及管理方面的用户体验非常好。智能门锁使用非机械钥匙作为用户识别 ID，比如指纹识别、虹膜识别等。智能门锁的应用场景非常广泛，例如银行、政府部门、酒店和居民小区等。

　　如图 3-37 所示，为智能门锁。

　　智能门锁内置多种传感器，连接蓝牙网关后，能与多种智能产品联动。例如，晚上回家，在解锁开门的同时就会自动开灯。

图 3-37　智能门锁

3.2.10　智能窗帘，提供健康舒适的生活环境

　　智能窗帘是一种具有自我反应、调节和控制功能的电动窗帘，它能根据室内环境自动调节光线强度、空气湿度和平衡室温等，具有智能光控、智能雨控以及智能风控 3 大特点。如图 3-38 所示，为智能窗帘电机。

图 3-38　智能窗帘电机

智能窗帘具有以下这些功能和作用，如图 3-39 所示。

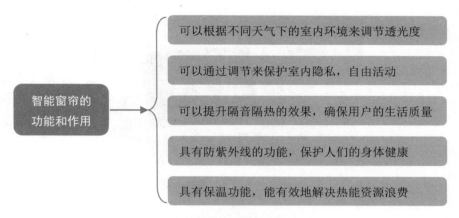

图 3-39　智能窗帘的功能和作用

3.2.11　智能音箱，用语音实现万物互联

智能音箱基于智能语音技术，是普通音箱升级的产物，也是用户用语音上网的工具，比如点歌、购物等，它还可以控制智能家居设备，比如开灯、开窗帘和开空调等。如图 3-40 所示，为智能音箱产品。

图 3-40　智能音箱

近年来，国内智能音箱市场发展良好，产品更新迭代速度很快。2018 年 6 月，百度发布首款自有品牌智能音箱——小度智能音箱。2019 年 11 月，华为在上海全场景新品发布会上发布了首款旗舰智能音箱华为 Sound X。2020 年 3 月，百度发布了 2020 年首款智能屏，大大地降低了带屏智能音箱的购买门槛。智能音箱作为控制家电的重要设备，逐渐渗透进人们的日常生活中。

如图 3-41 所示，为带屏智能音箱。

图 3-41　带屏智能音箱

3.2.12　三网电视，打造个性化的网络生活

随着三网融合的不断发展，智能电视的应用也在逐渐打开市场，提前进入智能电视领域的彩电企业，相信将全面领航智能电视市场，成为核心主力。

三网融合就是在向宽带通信网、数字电视网、下一代互联网演进的过程中，三大网络（互联网、广电网和通信网）通过技术改造，其技术功能、业务范围趋于相同，网络互联互通、资源共享，能为用户提供语音、数据和广播电视等多种服务。

而三网电视就是能同时接入三网的电视多媒体设备。它是基于模卡技术平台的动态三网电视，不仅率先实现了三网的融合，而且实现了三屏互动，使人们随时随地可以利用手机、电脑和电视进行上传、下载和分享，如图 3-42 所示。

图 3-42　三网电视

同时，三网电视还采用了目前最先进的三色光源 LED 技术与 2.48cm 的超薄外观，达到了外观与画质的高品质。

它的模卡技术成功地实现了"机卡分离"，解决了传统固态电视内置功能模块无法硬件升级的弊端，实现了从软件到硬件的全面升级，从根本上解决了技术发展迅速，电视更新换代带来的污染和浪费，并可通过不同功能的模卡进行自由组合，随需变身，为人们打造个性化的网络生活。

3.2.13　感应式厨具，提供更加贴心的厨房服务

厨房是一个家庭的重要组成空间，它包括冰箱、垃圾桶、洗碗机、电饭煲等很多用具。前面提到了智能电饭煲，这里将介绍感应式水龙头和智能灶台柜。

感应式水龙头在日常生活中的应用已经很常见了。感应式水龙头是经过红外线反射的原理，当手放在水龙头的感应区域内时，红外线发射管发出的红外光经过人体的手反射到红外接收管，红外接收管将处理后的信号发送到控制出水的脉冲电磁阀系统，从而出水。当手离开水龙头的感应区域内时，红外光就没有了反射，电磁阀自动关闭，水也就自动关闭，如图 3-43 所示。

图 3-43　感应式水龙头

目前在世界上领先的厨房电控技术有很多，包括电控升降吊柜、升降灶台柜、升降洗涤柜、升降调料柜、一触即开抽屉、儿童锁抽屉等。在升降灶台柜里加入 RFID 身份识别技术，只要人身上有 RFID 身份识别卡片，这个升降灶台便可以自动升降到符合使用者身高的高度。当使用者离开后，灶台柜又会自动回落到原始高度，如图 3-44 所示。

专家提醒

智能厨房完全低碳环保无污染，让人们不再为做饭而烦恼。通过一体化管理系统，使用者可以对做饭流程进行统一的规划。菜品的材料和营养信息都会通过一体化管理系统显示出来，更加方便人们使用。

例如，冰箱内的肉被拿出放置在菜板上时，一体化管理系统会提示材料名称、重量以及营养价值，同时烤箱的解冻模式开启，方便使用者对肉进行下一步操作。

图 3-44　智能灶台柜

3.2.14　智能背景音乐系统，提供美妙的音乐

智能背景音乐系统不像传统家庭用音响或播放器欣赏音乐那样具有局限性。它能让你随时随地都能感受到音乐的美妙，只要你想听，打开电脑或手机，或按一下遥控器，就可以沉浸在音乐氛围中，如图 3-45 所示。

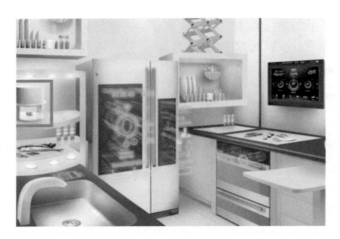

图 3-45　智能背景音乐系统

智能背景音乐系统可在任意房间都布上背景音乐线，通过一个或多个音源，能够让每个房间都能听到美妙的音乐。

不仅如此，它还能起到净化家居环境的作用，包括掩盖外界的噪声，营造幽静、浪漫、温馨的气氛，净化心灵、陶冶情操、体现品位。例如清晨起床，你可以打开智能背景音乐系统，让每一个房间都充斥着温馨的音乐声，让家人在柔美的背景音乐声中起床，迎接美好的一天。

智能背景音乐系统主要采用吸顶音箱，它不占据空间，不怕油烟水汽，并且和天花板融为一体，不但不影响装修的整体外观，还可美化空间。

3.3　案例介绍：智能家居的应用表现

随着智能家居的市场不断扩大，许多智能家居公司也如雨后春笋般纷纷冒出。下面让我们来了解一下近年来极具影响力的十大智能家居品牌，如表 3-4 所示。

表 3-4　十大智能家居品牌

品　牌	所属公司	简　介
海尔	青岛海尔智能家电科技有限公司	青岛海尔智能家电科技有限公司隶属海尔集团，是全球智能化产品的研发制造基地。公司以提升生活品质为己任，提出了"让您的家与世界同步"的生活新理念，不仅为用户提供个性化产品，还面向未来提供多套智能家居解决方案及增值服务。公司倡导的这种全新生活方式被认为是未来家庭的发展趋势
索博	上海索博智能电子有限公司	索博专业从事智能家居产品的研发和生产，自公司成立以来，不断地为市场提供不同定位的产品，满足不同层次的消费客户群，真正实现以人为本。上海索博智能电子有限公司为江苏镇江电站辅机集团下属子公司，是国际智能家居的专业生产企业，拥有亚洲最大的智能家居研发中心，也是最早将成熟智能家居产品带入中国的企业
快思聪	快思聪亚洲有限公司	该公司是全球领先的先进控制技术和集成方案制造商，在综合触摸屏技术及远程控制应用领域一直处于行业领先地位。快思聪公司引导着中央控制行业的发展步伐。快思聪创新的产品和应用软件重新界定了控制行业，创造了新的市场。这就是快思聪智能家居中央控制系统

续表

品　牌	所属公司	简　介
河东	广州市河东电子有限公司	河东企业成立于 1985 年，是一家同时从事专业网络化舞台灯光控制系统和建筑智能控制系统的设备制造、销售的集团公司。总部设立在广州，分公司及下属机构已延伸至全国，扩展至海外。河东秉承"高度、专注、引领"的发展理念，在舞台灯光控制系统和建筑智能控制系统行业中奠定了一定的地位
瑞讯	瑞讯科技（亚洲）有限公司	公司总部设在中国香港，主要致力于通信与智能控制领域的产品研究与开发。上海瑞讯通信服务有限公司作为中国市场的营销总部以及亚太生产基地，创建于 1996 年，位于上海浦东北蔡第二工业园区，是专业从事通信和综合布线产品、弱电信息箱、智能家居产品及专业通信箱柜类产品的开发、设计、生产、销售、服务的专业型生产企业
霍尼韦尔	霍尼韦尔安防集团	霍尼韦尔自动化控制系统集团产品组合具有环保和节能的特征。在世界楼宇和家居自动化领域具有非凡的实力，全球成千上万的制造业和工业厂房中应用了它的产品、服务和技术。公司广泛的产品和解决方案采用了世界上众多的先进技术，帮助各国通过节能减排，实现可持续发展
中讯威易	北京中讯威易科技有限公司	该公司成立于 2003 年，是国内智能家居产品专业生产企业。"威易"品牌系列产品在技术和性能上已经位于国际智能家居产品的前列，独创的网络型的综合智能网关、可植入手机的监控软件等都是国内甚至国际首创的产品。这些和网络通信、移动通信紧密结合的产品真正地实现了随时随地、随心所欲地掌握家居，使当代人的家居生活真正做到"智能化""远程化"
柯帝	广州市聚晖电子科技有限公司	该公司成立于 2004 年，是一家专注于研究智慧生活领域产品服务，以智慧生活产品的研发及运营服务为主业的大型科技公司。聚晖电子智能化产品包括自创品牌 KOTI 智能家居系统、专业家庭影院系统、智慧社区系统、智能楼宇对讲系统、智能停车场系统、服务运营平台等，为客户提供了智慧生活全方位解决方案及技术服务。目前，已构建了智能家居、智慧社区、智慧城市 3 个层次的智慧生活服务体系，致力于与合作伙伴和客户共同开创智慧生活新时代

品　牌	所属公司	简　介
波创	深圳市新和创智能科技有限公司	该公司成立于 2003 年，坚持以地产科技、智能家居为产业方向，致力于成为中国最大、国际知名的家居智能化、小区智能化产品制造商及方案提供商。为客户提供智能家居、嵌入式系统、网络家电、地产科技等领域的技术和产品。公司推出数字智能网关、A8 系列智能开关、调光开关系列和基于 Zigbee 2006 无线网络标准的智能开关系列产品，产品达到行业先进水平
Control4	康朔孚智能控制科技（上海）有限公司	Control4 是一家专业从事家庭自动化控制产品研发、生产、销售的知名企业，在全球 50 个国家和地区设有经销商和办事机构，是北美地区当前发展最为迅速的家庭自动化品牌。该企业提供一整套的有线和无线系列控制产品，包括全屋音乐、智能影院、智能照明、环境控制、智能安防、能源管理。 Control4 的无线产品便于安装与使用，采用先进的连接和控制方式，工程施工人员甚至可以在几个小时内将整套系统调试完成。另外，用户可以轻松定制 Control4 系统，以适应自己独特的生活方式。而模块化可扩展的产品有助于控制预算，方便在将来进行功能扩展。Control4 创新地将家庭娱乐和自动化进行整合，通过这套强大的系统，可以让用户充分享受便捷、舒适、安全的生活体验，提高生活品质

3.3.1　苹果 HomeKit 智能家居平台

HomeKit 是苹果旗下的智能家居平台，支持苹果 HomeKit 智能家居的产品有很多，比如摄像头、门锁、开关、传感器等，如图 3-46 所示。

苹果打造的 HomeKit 智能家居平台可以了解家居状态，并单独控制智能设备，也可以通过 Siri（苹果智能语音助手）来控制，比如对 Siri 说"晚安"就能关闭智能灯，用户还可以根据自己的生活习惯进行个性化的情景定制。

苹果 HomeKit 就是家庭的智能控制中心，通过 HomeKit 可以使用 iOS 设备控制家里所有支持 Apple HomeKit 的产品。

HomeKit 智能家居平台具有配置简单、界面精美、交互自然的优点，但是接入 HomeKit 的流程比较复杂，而且审核非常严格。除此之外，HomeKit 和其他品牌的智能家居相比，还有以下这些优势，如图 3-47 所示。

图 3-46　支持 HomeKit 智能家居的产品种类

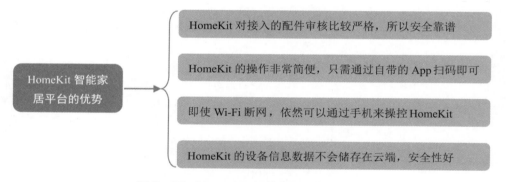

图 3-47　HomeKit 智能家居平台的优势

3.3.2　"零能耗"的"沪上·生态家"

自从世博会诞生以来，它一直都是科技创新的展示舞台，也是引领科技文明发展的风向标，许多重要发明都是通过世博会传递到世界的。

"沪上·生态家"是唯一代表上海参展上海世博会的实物案例项目。从 106 个竞争项目中脱颖而出、集最先进的生态技术于一身的"聪明屋"——"沪上·生态家"给观众带来了健康、"乐活"人生体验，如图 3-48 所示。

你能看出来它是用"垃圾"建造的一所房子吗？这绝对是真的，它的建筑材料都源于"垃圾"。

立面乃至楼梯踏面铺砌的砖，是上海旧城改造时拖走的石库门砖头。内部的大量用砖是用"长江口淤积细沙"生产的淤泥空心砖和用工厂废料"蒸压粉煤灰"制造的砖头。石膏板是用工业废料制作的脱硫石膏板。

图 3-48　沪上·生态家

　　木制的屋面用竹子压制而成，竹子生长周期短，容易取材，可以避免木材资源的耗费。阳台制作采取了"工厂预制、整体吊装"的方式，把建筑污染降到最低。

　　相关负责人表示：根据流体力学"嵌"在整座建筑之中的"生态核"，将对四面八方的风进行"优化组合"，并通过植物过滤净化系统，使得四季室内空气保持畅通清新。

　　"生态核"顶部设计开合屋面，在加强自然通风效果的同时，增大了室内采光效果。屋顶安装的"追光百叶"可以跟随太阳角度的变化而自动转变角度，一方面起到遮阳作用，另一方面反射环境光，提高室内的照度。

　　在室内光线达不到照明标准时，窗帘百叶会自动调整，同时室内灯光也会自动亮起。而其动力则来源于太阳能薄膜光伏发电板、静音垂直风力发电机等所产生的清洁能源。利用旧砖砌筑的"呼吸墙"的先进设计，为建筑墙面穿上了一层"空气流动"内衣，可以降低墙面的辐射温度，起到调节室内温度的作用。

　　生态家中的两个电梯也暗藏玄机，一个是势能回收电梯，在上上下下之间，所产生的"势能"不经意间被储存；另一个则是变速电梯，可以根据电梯乘客的多少来控制电梯的速度。

　　"沪上·生态家"的外表将种植容易拆卸更换的模块式绿色植物，使整个屋子如大自然般清新可人，这些植物不需要特别照顾，智能化装置控制的"滴灌"技术将根据植物所需的水量来进行有目的的"滴灌"，用最少的水资源将植物"喂"得恰到好处，如图 3-49 所示。

图 3-49　绿色植物构成的墙壁

不仅如此，在"三代厨房"里，烧天然气所产生的废气有 70% 可被转化为电能，然后这些电能可供厨房里的电磁炉、微波炉等电器使用。

在未来，老年人还可以通过一套系统检查自己的身体状况。例如老人坐在沙发上看电视，然后按下一个按钮，电视屏幕上就能显示老人的身高、体重、血氧含量等一系列健康指标。

有数据显示："沪上·生态家"建筑整体综合节能 60%，室内环境高达标率 100%，可再生能源利用率 50%，二氧化碳排量减少 140 吨，空间采光系数在 75% 以上等。如果这样的生态建筑能够普及，对于现代城市来讲，无疑会大大减轻城市能源和环境的负担。

3.3.3　海尔 U-home 的智慧物联核心技术

U-home 是海尔集团在信息化时代推出的一个重要业务单元，也是一个先进的开放平台。U 代表的是 ubiquitous，即"随时随地，无处不在"的意思。

U-home 采用有线和无线网络相结合的方式，把所有的设备通过信息传感设备与网络连接，从而实现了"家庭小网""社区中网""世界大网"的物物互联，并通过物联网实现智能家居系统、安防系统等的智能化识别、管理以及数字媒体信息的共享。

海尔智能家居围绕着安全、便利、舒适、愉悦 4 大生活主题，融合了安防报警、视频监控、可视对讲、灯光窗帘、家电管理、环境监测、背景音乐、家庭影院等功能模块，使用户在世界的任何角落、任何时间，均可通过打电话、发短信、上网等方式与家中的电器设备互动。

通过"集中管理""场景管理"和"远程管理"，切切实实地实现了"行在外，家就在身边；居于家，世界在你眼前"的美好生活。如图 3-50 和图 3-51 所示，为海尔 U-home 客户端软件界面。

图 3-50　主界面

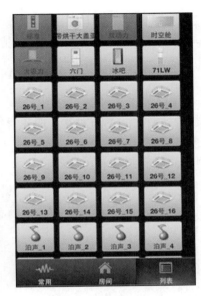

图 3-51　选择界面

海尔 U-home 凭借 U-home 2.0 智慧物联核心技术，实现了智能安防、视频监控、可视对讲、智能门锁联动等各大子系统之间的互联互通、无缝对接，也实现了手机屏、PAD 屏、电脑屏、智能终端等多屏合一。通过任何一个屏都可以实现对洗衣机、冰箱、空调、热水器、智能滚筒、地暖、新风、灯光、窗帘等设备的监控，如图 3-52 和图 3-53 所示。

图 3-52　空调控制界面

图 3-53　冰箱控制界面

家庭物联以物联家电系统为依托，使系统从原来的单一控制改变为人与物、物与物的双向智慧对话，实现灯光、窗帘、家电、门锁等物物相关，海尔 U-home 在这一方面做得十分出色。

3.3.4　各种各样的智能家居式酒店

随着智能家居的不断发展，现在很多酒店也进入了"智能化"时代，下面我们就一起来了解一下吧。

（1）法国巴黎的 Murano Resort 酒店，如图 3-54 所示。

图 3-54　Murano Resort 酒店

虽然从外观来看，这就是一栋普通的古老建筑，但实际上里面却充满了各种各样好玩、有趣而又时尚的设计，所有的客房都拥有个性十足的装潢和高端的科技配备。

从简约的以白色为主、银色点缀的大堂开始，这里的一切都由科技带出时尚感。在进入房间之前，你必须使用通过认证的智能指纹锁系统。

带有前卫潮流设计的客房，在床头没有灯光控制器，客人可依据个人喜好调节不同的色彩，赋予房间不同的个性。此外，房间内的平板电视、DVD 以及 CD 机可打造奢华娱乐视听享受。

（2）位于多伦多繁华地段约克维尔的 Hazelton Hotel（智能家居式酒店），自建立起就为业界的五星级酒店树立了一个新标准。不管是风格、细节抑或是服务，智能化科技产品的运用让其富有了新的活力，如图 3-55 所示。

图 3-55　Hazelton Hotel 智能家居式酒店

硬朗前卫的 Hazelton Hotel 大量使用了花岗岩作为其外观及室内构架建筑，并为员工配备了 Vocera 通信系统。

通过随身佩戴加载了该系统的胸卡，侍者能够及时恰当地为酒店里任何一个角落的客人送上服务；也能通过系统快速地找到其他员工，更好地为需要服务的客人解决难题。

不仅如此，客房内配备的各样高新科技产品都提供了完善的商务娱乐环境。更新换代后的电子控制系统，只需通过触摸面板开关，便能让侍者清晰地了解客人入住状况，确保其在休息时不受打扰，外出后又能使房间在不知不觉中恢复原状。

（3）阿布扎比酋长国皇宫酒店：曾在电影《欲望都市》中耀眼登场的阿布扎比酋长国皇宫酒店极尽奢华之道，酒店不论是空间装潢还是设施服务，都属百分百的王族级别。

入住客人每人都配备有一台带有 8 英寸彩色显示屏的超级智能掌上电脑。这台装载了 Linux 系统的便携装置，客人可以通过它与电视、立体声音响以及其他装置相连，设定叫醒电话、下载电影、录像或召唤服务员，甚至可以足不出户购买饭店商场里的东西或结账退房等，是名副其实随心所欲的无线生活。

（4）美国西雅图有名的 Hotel 1000 就是智能式家居酒店：酒店提供一系列全天候、多用途智能外设基础设施，让人从登记入住、室内温度到商务工作、居住休闲等都可以通过网络平台来完成，如图 3-56 所示。

图 3-56　Hotel 1000 酒店

　　酒店员工通过门铃下方的智能系统检查该房间是否有人入住。若有人入住就检查客人是否设置了"请勿打扰"提醒。若显示没有人入住，房间内的客房服务、保养以及个人酒吧都将自动重新整理并提供使用。

　　科技化的设施同样运用在私密的浴室中。例如，意大利式双人浴缸拥有隐藏在天花板内的水箱，为洗浴的人提供稳定流量的淋浴，让其在舟车劳顿的旅途中得到最大限度的放松。这样的酒店绝对能满足对各项高科技产品了如指掌的旅客，并带给他们更多的智能化体验。

　　（5）奕居智能家居式酒店：拥有"百万元夜景"的奕居酒店，位于中国香港太平山的山腰上，酒店面朝美丽的维多利亚港湾，是香港人梦寐以求的居住之地，如图 3-57 所示。

图 3-57　中国香港奕居酒店

酒店的设计者 Andre 生于香港，自然深谙它的宝贵，奕居的大堂与房间全部遵循着"少即是多"的设计原则。同这里的设计风格一样，奕居的服务也摒弃了一切不必要的浪费和花哨，可以说是一家名副其实的"绿色酒店"。

透过特定的笔记本电脑，工作人员可以在酒店的任何角落为客人办理电子化入住登记。退房手续可以通过客房内的电视进行，酒店会将账单及资料及时发送至客人的电子邮箱，最大限度地减化手续，同时实现无纸化办公。

此外，奕居用一台 iPod Touch 或 iPad 代替了酒店房间内厚厚的入住手册，只要轻触显示屏，多元化的信息便接踵而来。酒店介绍、送餐服务、本地旅游资讯、天气情况等无所不有，还有一个板块专门让客人用来与酒店留言互动。

3.3.5　比尔·盖茨的"智慧"豪宅

比尔·盖茨的豪宅坐落在西雅图，外界称它是"未来生活预言"的科技豪宅、全世界"最有智慧"的建筑物。这座著名的"大屋 (Big House)"雄踞华盛顿湖东岸，前临水、后倚山，占地面积 66000 平方英亩，相当于几十个足球场。这座豪宅共有 7 间卧室、6 个厨房、24 个浴室、一座穹顶图书馆、一座会客大厅和一片养殖鳟鱼的人工湖泊等，如图 3-58 所示。

图 3-58　比尔·盖茨豪宅的卫星全图

下面我们来看一下比尔·盖茨的家居究竟有多少"聪明"的地方吧。

（1）远距离遥控：用手机接通别墅的中央电脑，启动遥控装置，不用进门也能指挥家中的一切。例如提前放满一池热水，好让主人回家时就可以泡个热水澡。当然也可以控制家中的其他电器，例如开启空调、调控温度、简单烹煮等。

（2）电子胸针"辨认"客人：每个有幸到过比尔·盖茨家里做客的人相信都会有宾至如归的感觉，而有这种感觉却是一枚小小的"电子胸针"的功劳。

整个豪宅根据不同功能分为 12 个区域，这枚"电子胸针"就是用来辨认客人的。它会把每位来宾的详细资料藏在胸针里，从而使地板中的传感器能在 15 米范围内跟踪到人的足迹。当传感器感应到有人即将到来时就会自动打开相应的系统，离去时就会自动关闭相应的系统。

如果不了解其中的技术运用，你会不会觉得豪宅就像是一个神机妙算的诸葛亮呢？它什么都了解。但是如果没有这枚"胸针"就麻烦了，防卫系统会把陌生的访客当作"小偷"或者"入侵者"，警报一响，就会有保安出现在你面前。

其具体过程是：访客从一进门开始，就会领到一个内置微晶片的胸针，通过它可以预先设定客人偏好的温度、湿度、音乐、灯光、画作、电视节目等条件。无论客人走到哪里，内置的传感器就会将这些资料传送至 Windows NT 系统的中央电脑，电脑会根据资料满足客人的需求。

因此，当客人踏入一个房间时，藏在壁纸后方的扬声器就会响起他喜爱的旋律，墙壁上则投射出他熟悉的画作，如图 3-59 所示。

图 3-59　画作投影

此外，客人也可以使用一个随身携带的触控板随时调整，甚至当你在游泳池戏水时，水下都会传来悦耳的音乐。

整个建筑的照明系统也是全自动的，大约铺设了长达 80 千米的电缆，数字神经系统完整，种种信息家电，就此通过联结而"活"起来；再加上宛如人体大脑的中央电脑随时上传下达，频繁地接收手机、收讯器与感应器的信号，那些卫浴、空调、音响、灯光则格外听话，但墙壁上却看不到任何插座。

（3）房屋的安全系数：豪宅的门口安装了微型摄像机，除了主人外，其他人进门均由摄像机通知主人，由主人向电脑下达命令，开启大门，发送胸针进入。

当一套安全系统出现故障时，另一套备用的安全系统则会自动启用。若主人外出或休息时，布置在房子周围的报警系统便开始工作，隐藏在暗处的摄像机能拍到房屋内外的任何地方，并且在发生火灾意外时，住宅的消防系统会自动对外报警，显示最佳营救方案，关闭有危险的电力系统，并根据火势分配供水。

虽然讲了这么多，但这些也只是比尔·盖茨豪宅智能家居技术的九牛一毛。在庞大的豪宅里，处处都是高科技的影子，让人惊叹不已！

3.3.6 绿地紫峰公馆的 U 家智慧社区

南京绿地紫峰公馆是由 14 栋高层住宅组成的首个 3G 住宅科技全数字示范小区，户内移动 Wi-Fi 全面覆盖，项目配套系统采用 U9 智能家居系统。

小区中的每个住户通过楼层交换机连接到小区管理中心和数据服务中心，小区管理中心搭载 U 家网管理中心服务平台，数据服务中心是 U 家网信息存储、应用及管理的服务平台。

U 家智慧社区采用全数字可视对讲安防系统，访客通过小区 / 单元门口机呼叫室内 U9 智能终端，可实现视频通话、留言留影远程开锁等。U9 智慧家庭终端机、小区 / 单元门口机都可以呼叫小区管理中心机，可实现视频通话，同样室内 U9 智慧家庭终端机之间也可以实现双向视频通话。

家居的门磁、窗磁、通用报警器、网络监视器、紧急按钮以及各种瓦斯探头、红外探头、声光报警器等传感器件，通过有线、无线 RF 或 Wi-Fi 的方式连接到 U9 智能终端，实现报警及其他信息通信。

报警信息、报警触发的监视抓拍图片或视频均可通过局域网发送到小区管理中心，同时可以通过短信或电话语音的方式通知用户，此外，报警信息可联动社区警务室以及公安系统警务中心。

U 家网是 U 家智慧社区的服务平台，由设立在各个城市的 U 家区域子网站和分布式数据中心构成。U 家网数据中心由总部云服务器集群、城市应用服务器和小区应用服务器组成。

U 家小站是按照统一的形象标准和管理制度，设立在各个应用 U9 产品小区内的一个实体机构。它具有高效运维能力的产品客服与社区服务。

U 家小站建设在小区物管处或小区配套商业场所中，为居民提供实时的 U9 产品客服、排除解决产品故障的同时，建立起高标准、高要求、切实可行的社区服务质量保障与督促机制，长期在当地拓展与维系社区服务商关系，快速反应并有效落实符合居民需要的各种社区服务，保障社区服务运营的稳定运行。

通过U家网平台对居民定期采集的人体信息数据建立健康信息档案，可以供居民随时随地查看自己的健康变化状况，更可以通过一定的验证机制与健康服务机构的健康档案进行连接，居民在家即可随时了解查阅自己的健康档案。

通过在U家网平台建立健康咨询服务功能，将居民直接连接到健康服务机构的各类专家面前，与专家零距离进行各种健康问题咨询。

同时，居民可以将自己的困惑或不解的健康问题发布到平台中，专家从后台直接获取咨询信息并进行分析、解答，随时追踪跟进，与居民产生互动交流，引导居民使用健康服务机构专业的医疗服务，快速建立起健康服务机构直达居民的信息传播和互动渠道。

在U家网平台中合作建立健康科普资讯栏目，由健康服务机构实时发布各种疾病预防、保健常识、养生指南知识，居民可以随时获取健康服务机构专业的健康知识，U家网将成为健康服务机构治疗养生与医疗服务理念传播的新平台。这一切，都得益于物联网所带来的便利。

3.3.7 好来屋实现智能化的居住环境

每一次大危机，都会催生一些新技术，而新技术也是使经济特别是工业走出危机的巨大推动力。

物联天下好来屋智能家居成立于中国物联网产业发展的初期，建设"统一应用平台、统一门户网站"是其战略思想，实施"区域应用推进、重点项目辐射带动"是其发展战略，利用各种契机以应用促推进，取得突破性的进展，成为正式步入中国物联网产业的第一支队伍。目前是国内物联网领域唯一一家集行业媒体、技术集成、产业应用、商业模式为一体的多元化高科技企业。

好来屋智能家居本着将绿色、低碳、智能化系统集成务实的经营主旨，在公司结构上进行了调整和资源整合，业务领域和整体实力规模得到快速提升，并作为北京市创新典范工程受到国家工业和信息化部、中国中小企业协会等相关部门共同关注，还成为综合实力强劲的产业引领者。

"好来屋"是智能家居的综合展示应用平台，充分应用布线技术、网络通信技术、传感器材、安全防范技术、自动控制技术、音视频技术将家居生活的相关设施集成，构建高效的住宅设施与家庭日常事务的管理系统，提升家居安全性、便利性、舒适性、艺术性，并实现环保节能的居住环境。

"好来屋"能根据客户的不同需求提供个性化的智能家居生活综合解决方案，将不同的人对现代智能家居生活的想象和追求转变成现实的存在。在好来屋智慧家庭体验中心里可以看到"物联天下"智慧家庭产品的展示和整个智慧家庭解决方案内使用到的各项产品。

好来屋智能家居的基础系统主要包括家居布线系统、家庭网络系统、智能家居中央控制管理系统、家居照明控制系统、家庭安防系统、背景音乐系统、家庭影院与多媒体系统、家庭环境控制系统，如图3-60所示。

图3-60 好来屋智能家居的基础系统

物联网智能家居系统主要可以实现以下5大功能。

(1) 远程控制——一个按键，家电听话：在上班途中，突然想起忘了关家里的灯或电器，触摸手机就可以把家里想要关的灯或电器全部关掉；下班途中，触摸手机按钮先把家里的电饭煲和热水器启动，让电饭煲先煮饭，热水器先预热，一回到家，马上就可以享用香喷喷的饭菜、洗热水澡；若是在炎热的夏天，用手机就可以把家里的空调提前开启，一回到家就能享受丝丝凉意；在家里可以一键式控制家里所有的灯和电器。

(2) 定时控制——免费保姆，体贴入微：早晨，当你还在熟睡，卧室的窗帘准时自动拉开，温暖的阳光轻洒入室，轻柔的音乐慢慢响起，呼唤你开始全新生活每一天；当你起床洗漱时，电饭煲已开始烹饪早餐，洗漱完就可以马上享受营养早餐；餐毕不久，音响自动关机，提醒你该去上班了；轻按门厅口的"全关"键，所有的灯和电器全部熄灭，安防系统自动布防，这样你就可以安心上班去了；和家人外出旅游时，可设置主人在家的虚拟场景，这样小偷就不敢轻举妄动了。

(3) 智能照明——梦幻灯光，随心创造。

轻松替换：无论是新装修户，还是已装修户，只要在普通面板中随意接上超小模块，就能轻松实现智能照明，让生活增添更多亮丽色彩。

软启功能：灯光的渐亮渐暗功能，能让眼睛免受灯光骤亮骤暗的刺激，同时还可以延长灯具的使用寿命。

调光功能：灯光的调亮调暗功能，能让您和家人在分享温馨与浪漫的同时，还能达到节能和环保的功能。

亮度记忆：灯光亮度记忆功能，使灯光更富人情味，让灯光充满变幻魅力。

全开全关：轻松实现灯和电器的一键全关和所有灯的一键紧急全开功能。

(4) 无线遥控——随时随地，全屋遥控。只要一个遥控器，就可以在家里任何地方遥控家里楼上楼下、隔房的所有灯和电器；而且无须频繁更换各种遥控器，就能实现对多种红外家电的遥控功能；轻按场景按钮，就能轻松实现"会客""就餐""影院"等灯光和电器的组合场景。

(5) 场景控制——梦幻场景，一"触"而就：回家时，只要轻按门厅口的"回家"键，想要开启的灯和电器就会自动开启，马上可以准备晚餐啦；做好晚餐后，轻按"就餐"键，就餐的灯光和电器组合场景即刻出现；晚餐后，轻按"影院"键，欣赏影视大片的灯光和电器组合场景随之出现；若晚上起夜，只要轻按床头的"起夜"键，通向卫生间的灯带群就逐一启动。

第4章
利用物联网建设智慧城市

学前提示

智慧城市是一种新型的信息化城市形态，它是物联网、云计算等新技术的具体应用。如今，智慧城市的建设已经在全球各地迅速开展，成为一种势不可当的趋势。本章就具体介绍一下智慧城市的相关概念以及具体案例应用。

4.1　先行了解：智慧城市概况

【场景1】

清晨出门，我们会等公交车或者自己开车去上班，然后开始一天的工作。下班之后，若有闲暇，我们也许想去超市买些自己喜欢的东西，却因为担心超市人多，排队付款浪费时间而作罢。

但是现在再也不用担心这些问题了。因为早上出门前，我们只要坐在家里打开手机或电脑一查，就能知道要等的公交车还有多久，然后选择在公交车快到的前几分钟出门便可以了。若是上班期间担心学校里的孩子，只要打开手机，就马上可以看到孩子在学校上课的情况；更不用担心超市人多，排队浪费时间！在超市，你只需推着满载的购物车通过感应器，购物账单就能自行打印，无须逐一扫描条码，方便快捷。

不用怀疑，这些已经不再只是电影或想象中的场景了，智慧城市会让这一切全部实现，如图4-1所示。

图4-1　智慧城市

【场景2】

国家智慧城市试点县市——仁怀，在第九届中国国际装备制造业博览会暨首届贵阳云计算、物联网技术应用博览会中，充分展示了智慧城市的建设成就。仁怀主题馆通过播放短片、内容介绍、图片展示，全方位地呈现仁怀市在新型城镇化、平安城市、智慧应急、智慧政务等方面建设智慧城市取得的成就。

仁怀市智慧城市创建的目标是以"智慧遵义"为基础，重点打造白酒产业信息化的特色应用，突出"国酒之都"的地域特色。

自 2013 年以来，仁怀市致力于重点打造 8 大智慧工程项目，包括完善公共网络基础设施、城市公共信息服务平台、城市共同基础设施数据库、城市综合管理与应急指挥系统、智慧园区信息管理平台、智慧环保、智慧交通以及智慧旅游，努力把仁怀建设成为经济繁荣、社会和谐、文化内涵丰富的国酒文化之都和绿色城市。

仁怀市政府整体计划：2014—2015 年为起步阶段，通过 IT 基础设施建设，将城市管理数字化、城市运行智能化；2016—2017 年为加速阶段，达到住房和城市建设部"三星"的中国智能城市建设示范区；2018—2020 年为跨越阶段，打造"醉美仁怀"，成为西部区域的典范，最终使市民充分感知云端智慧城市带来的便利。如图 4-2 所示，为仁怀市智慧城市建设蓝图。

图 4-2　仁怀市智慧城市建设蓝图

4.1.1　智慧城市的详细概念

前面我们已经从发展、技术、产业、应用等方面介绍了物联网，而智慧城市就是物联网应用最直接、最集中的体现。智慧城市的建设可以把物联网带入城市，使物联网走进生活，让每个人都能感受并体验到。

那么，到底什么是智慧城市呢？"智慧的城市"愿景在 2010 年被 IBM 正式提出，希望为世界的城市发展贡献自己的力量。IBM 的研究认为城市由 6 个核心系统组成：组织（人）、业务 / 政务、交通、通信、水和能源。这些系统不是零散的，而是以一种协作的方式相互衔接，城市则是由这些系统所组成的宏观系统。

21 世纪的"智慧城市"，运用物联网，可以对民生、环保、公共安全、城市服务、工商业活动在内的各种需求作出智能的响应，为人类创造更美好的城市生活。智慧城市其实就是把新一代信息技术充分运用到城市的各行各业中，基于知识社会下一代创新的城市信息化高级形态。

《创新2.0视野下的智慧城市》一文从技术发展和经济社会发展两个层面的创新对智慧城市进行了解析，强调智慧城市不仅是物联网、云计算等新一代信息技术的应用，更重要的是通过面向知识社会的创新2.0的方法论应用。

智慧城市是一个复杂的、相互作用的系统。在这个系统中，信息技术与其他资源要素优化配置并共同发生作用，促使城市更加智慧地运行。

所以，智慧城市是基于互联网、云计算等新一代信息技术和大数据、社交网络、创新2.0、生活实验室、综合集成法等方法，营造有利于创新涌现的生态，实现全面透彻的感知、宽带泛在的互联、智能融合的应用，以及以用户创新、开放创新、大众创新、协同创新为特征的可持续创新，如图4-3所示。

图4-3　智慧城市，重在创新

专家提醒

创新2.0即面向知识社会下的创新2.0模式。公众不再只是科技创新的被动接受者，而是可以在知识社会条件下扮演创新主角，直接参与创新进程。

创新2.0特别关注用户创新，是以人为本、以应用为本的创新。《复杂性科学视野下的科技创新》一文认为创新2.0是"以用户为中心，以社会实践为舞台，以共同创新、开放创新为特点的用户参与的创新"。

4.1.2　智慧城市的产生背景

信息通信技术的融合和发展消融了信息和知识分享的壁垒，消融了创新的边界，推动了创新 2.0 形态的形成，并进一步推动各类社会组织及活动边界的"消融"。创新形态不但自身由生产范式向服务范式转变，也带动了产业形态、政府管理形态、城市形态由生产范式向服务范式转变。

以物联网、云计算、移动互联网为代表的新一代信息技术，以及知识社会环境下逐步孕育的开放的城市创新生态，这些都推动了智慧城市的产生。前者是技术创新层面的技术因素，后者是社会创新层面的社会经济因素。

IBM 最早在 2008 年提出"智慧地球"和"智慧城市"的概念，2010 年，正式提出了"智慧的城市"愿景，如图 4-4 所示。

图 4-4　智慧的城市愿景

所以，智慧城市的产生及其"走红"都是无法阻挡的热潮。不管是从经济、社会，还是从政策方面都推动了智慧城市的产生，如图 4-5 所示。

图 4-5　智慧城市的产生

1．智慧城市的社会背景

目前，城市发展面临的挑战和问题日渐突出。例如气候恶化、环境破坏、交通阻塞、食品安全、公共安全、能源资源短缺等问题，已严重影响了城市的可持续发展。

如何通过行之有效的手段对有限的资源进行最优调配，平衡城市发展的各方需求，实现城市经济、社会和环境协调发展，成了一个重要课题。所以，建设一个安全、健康、便捷、高效、低碳的智慧城市刻不容缓！

2．智慧城市的政策背景

在国家作出的"十二五"规划中，明确提出了未来5～10年中国城市发展的重点方向，将建设智慧城市列入了国民经济和社会发展的工作中，要求城市管理更加智慧化、智能化。如表4-1所示，为智慧城市建设的关键因素。

表4-1　智慧城市建设的关键因素

建设项目	建设目标
产业结构调整	高附加值、高度自有产权，规模化、集约化
建设资源节约型社会	资源再生利用，生态环境建设，环保新技术
技术创新与城市化	以技术带动城市发展，以城市化带动农业地区发展

3．智慧城市的经济背景

当今世界建设智慧城市已经成为必然趋势，发展智慧城市已成为各国核心战略及解决危机的重要手段。全球170多个城市在试点建设智慧城市，未来还会不断增长。

智慧城市以数字城市为基础，并伴随技术的不断提高、时代的需求，其内涵也在不断增加，例如网络城市、智能城市等内涵，会更加全面、贴近生活。

智慧城市建设已经成为拉动新经济的重要动力和举措，在带动固定投资增长的同时，信息科技的普及与新技术的开发也将得到持续推动。

4.1.3　智慧城市的发展起源

1．智慧城市的起源

智慧城市是城市发展的新兴模式，其服务对象面向城市主体——政府、企业和个人。它的结果是城市生产、生活方式的变革、提升和完善，终极表现为人类拥有更美好的城市生活。

智慧城市是如何一步一步地进入我们的视野，渗透到我们的生活当中来的呢？其实，在智慧城市概念出现之前，已经有很多关于城市的概念产生，例如数字城市、生态城市、感知城市、低碳城市等。

智慧城市的概念可以说是与它们相交叉的，或者也可以说是在它们之上建立的。有人认为智慧城市的关键在于技术应用，而有人认为智慧城市的关键在于网络建设，还有人认为智慧城市的关键在于人的参与、智慧效果。一些城市信息化建设的先行城市则强调智慧城市的关键应以人为本和可持续创新。

但是，智慧不仅是智能，智慧城市可以说是包含了以上所有的内容。它固然是信息技术的智能化应用，也包括人的智慧参与、以人为本、可持续发展等内涵。

21世纪是一个高科技的时代，信息技术高速运转，科技应用时刻发展，家居智能化也在此期间大有作为。智慧城市便是在这样的环境中不断探索与学习、一步一步地成长起来的。

智慧城市的发展主要还是因为网络通信技术、大数据与云计算、地理信息技术与BIM、社会计算及其他相关技术的发展。这些技术在智慧城市建设中被集成应用，将带来新的机遇与挑战。

智慧城市并不是一个具体项目，如同文明城市、环保城市一样，是城市在信息化发展方面的具体目标。它包括了城市的网络化、数字化、智能化3个方面的内容。

随着我国城市化进程的不断深入，城市的规模愈加庞大，城市中的人口、物业数量迅速膨胀，智慧城市的建设可以说是因发展需求而被迅速提上了日程。

如图4-6所示为智慧城市建设系统。

图4-6　智慧城市建设系统

智慧城市自身的价值就是要实现"智能人生"：融合家居智能化、云计算、移动互联网等新一代信息技术，具备迅捷信息采集、高速信息传输、高度集中计算、智能信息处理和无所不在的服务提供能力，实现城市内及时、互动、整合的信息感知、传递和处理，以提高民众生活幸福感、企业经济竞争力、城市可持续发展为目标的先进城市发展理念。

人们可以通过个人电脑、手机、电视等各种终端对城市里的一切都能随时、随地、随需地查询、了解，并进行标注分析、分享互动。

智慧城市应该把城市中的一切，包括建筑物的实体、路灯、道路、桥梁等各种城市设施，全部实现数字化，并且将其实景化。图 4-7 所示为可视化智慧城市运营平台。

图 4-7　可视化智慧城市运营平台

智慧城市从最初的智能家电，不断丰富之后，现在又细分为智能社区、智能医疗、智能交通等新兴概念，越来越多地融入城市生活中，相信智慧城市的建立会让人们的生活越来越高效、便利。

 专家提醒

智慧城市的发展轨迹如同人的成长一样，出生、成长、蜕化……不断地追寻新目标，虽然也会遇到难题，但只要一直不断地克服它，不断地前进，就能实现更多价值，最终，付出总会有收获。

2．国内智慧城市的现状

开展"智慧城市"技术和标准试点，是科技部和国家标准委为促进我国智慧城市建设健康有序发展，推动我国自主创新成果在智慧城市中推广应用共同开展的一项示范性工作，旨在形成我国具有自主知识产权的智慧城市技术与标准体系和解决方案，为我国智慧城市建设提供科技支撑。

"十二五"期间中国有 600 ~ 800 个城市建设智慧城市，加上后期各种数据中心、分析设备和服务设备的投资，市场总规模达到 2 万亿元。

相信在不久的将来，或是十年，或是二十年，我国的智慧城市将会遍地开花，不再是试点这么简单，而是经过不断的创新与探索，开创独具当地特色的智慧城市；同时，智慧城市的功能也会更加细化，如图 4-8 所示。

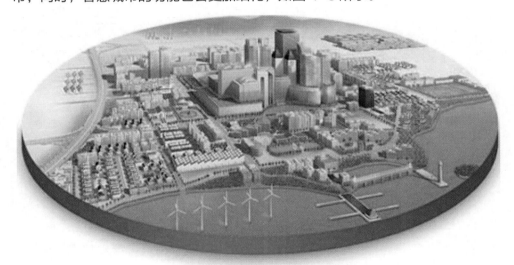

图 4-8　遍地开花的智慧城市

城市化进程的加快，使城市被推到了世界舞台的中心，发挥着主导作用。与此同时，城市也面临着环境污染、交通堵塞、能源紧缺、住房不足、失业、疾病等方面的挑战。

所以，在新形势下，如何解决城市发展所带来的诸多问题，实现可持续发展，已成为城市规划建设的重要命题。智慧城市将成为一个城市的整体发展战略，作为经济转型、产业升级、城市提升的新引擎。

智慧城市建设的大提速，将带动地方经济的快速发展，也将带动卫星导航、物联网、智能交通、智能电网、云计算、软件服务等多行业的快速发展。

4.1.4 智慧城市的发展特征

物联网技术的发展提高了城市人们的生活品质，也为城市中的物与物、人与物、人与人的全面互联、互通、互动，为城市各类随时、随地、随需、随意的应用提供了基础条件。

智慧城市虽然是比较先进的理念，但它并不能一蹴而就，在它前面早已有了"数字城市""平安城市"等的铺垫，所以，智慧城市的发展特征也综合了这些城市的因素，如表4-2所示。

表4-2 智慧城市的发展特征

发展阶段	特　征
全面物联	智能传感设备将城市公共设施联网，对城市运行的核心系统实时监测
充分整合	"物联网"与互联网系统完全连接和融合，将数据整合为城市核心系统的运行全图，提供智慧城市的基础设施
激励创新	鼓励政府、企业和个人在智慧城市基础设施之上进行科技和业务的创新应用，为智慧城市提供源源不断的发展动力
协同运作	智能感知分析，响应多元需求，实现物理空间、网络空间的一体化。基于智慧城市的基础设施，智慧城市里的各个关键系统和参与者进行和谐高效的协作，达成城市运行的最佳状态
互动创新	发展知识性、创新性经济。公众多方参与也是建设"智慧城市"的一大特征。人的参与，就是政府的自理部门、市民参与、政府多部门之间的系统参与等，以及建立起制度化融合机制，提供源源不断的以智慧为基础的发展动力

智慧城市本身有一个建立得很好的治理机制，能够使它可持续发展。但是智慧城市不是一天就能建成的，也不是一年两年能建成的，它是一个比较长远的工程，需要我们脚踏实地一步一步地来。

智慧城市的建设要注重从市民需求出发，建设智慧城市更重要的是市民参与、社会协同的开放创新空间的塑造以及公共价值与独特价值的创造。

技术的融合与发展进一步推动了从个人通信、个人计算到个人制造的发展，也推动了实现智能融合、随时、随地的应用，进一步彰显个人参与智慧城市建设的力量，如图4-9所示。

4.1.5 产业链形态和生态参与者

接下来，笔者主要介绍智慧城市产业链形态和生态参与者的相关内容。

图4-9　随时随地的城市互联

1. 智慧城市产业链形态

智慧城市的产业链形态一共分为上游、中游、下游3个部分，其具体内容如图4-10所示。

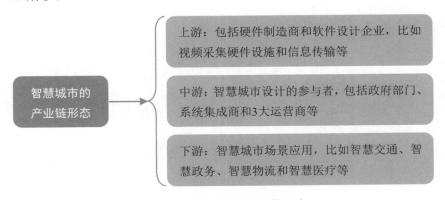

智慧城市的产业链形态	上游：包括硬件制造商和软件设计企业，比如视频采集硬件设施和信息传输等
	中游：智慧城市设计的参与者，包括政府部门、系统集成商和3大运营商等
	下游：智慧城市场景应用，比如智慧交通、智慧政务、智慧物流和智慧医疗等

图4-10　智慧城市的产业链形态

2. 智慧城市生态参与者

智慧城市的生态参与者分别有管理者、系统集成商和服务运营商等6大角色，如图4-11所示。

图 4-11　智慧城市的生态参与者

4.1.6　智慧城市的挑战和趋势

　　虽然，智慧城市是现代化城市管理的一种新的模式和理念，给人们带来了更加便利的城市服务，但是，智慧城市在建设的过程中，也面临着诸多挑战和问题，如图 4-12 所示。

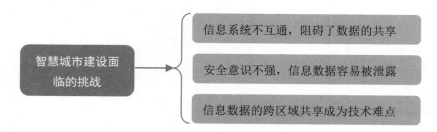

图 4-12　智慧城市建设面临的挑战

　　智慧城市的前景是广阔的，智慧城市的未来发展趋势如图 4-13 所示。

4.1.7　智慧城市的功能体系

　　智慧城市的功能体系包括社会治理、市民服务和产业经济 3 大类，具体内容如图 4-14 所示。

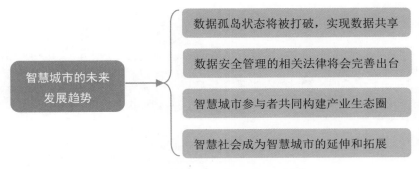

图 4-13 智慧城市的未来发展趋势

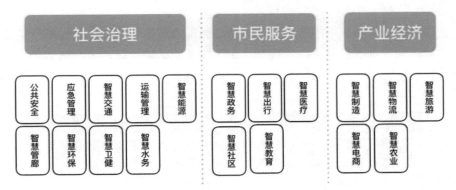

图 4-14 智慧城市的功能体系

4.1.8 物联网在智慧城市中的应用

智慧城市的核心是物联网技术，城市中也有大量的终端设备接入物联网，建设智慧城市离不开物联网技术，随着物联网技术的发展，智慧城市的建设会更加完善。目前，智慧城市建设正处于高速发展的时期，所以对城市物联网平台提出了更高的要求和挑战，主要包括以下几个方面，如图 4-15 所示。

智慧城市是利用物联网技术对城市进行升级改造，打造先进智能的城市，为人们提供更好的城市服务。在智慧城市的建设中，运用物联网、大数据、AI 等技术，可以提高信息的利用效率。

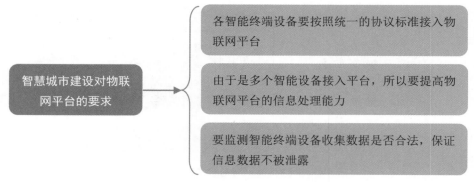

图 4-15　智慧城市建设对物联网平台的要求

接下来笔者就举例介绍物联网技术在智慧城市中的应用。

1．智慧小区

物联网在居民小区中的应用主要表现在智能家居系统方面，而智能家居系统的作用又主要表现在家居智能化控制和小区智能安全防护这两个方面。总之，物联网技术的不断进步将推动智慧小区的发展。如图 4-16 所示，为智慧小区综合平台。

图 4-16　智慧小区综合平台

2．智能停车场

因为地面停车场的扩张而导致土地资源缺乏，所以利用物联网技术打造的智能停车场可以有效地解决这个问题。智能停车场主要分为两类，如图 4-17 所示。

通过智能停车场的运用，极大地减少了汽车对土地的占用率，缓解了交通压力。如图 4-18 所示，为智能停车场。

智能停车场的类型　→　智能停车场一体化管理，其核心是由传感器连接的物联网技术

立体停车场，主要由升降横移系统和控制运转的电脑系统组成

图 4-17　智能停车场的类型

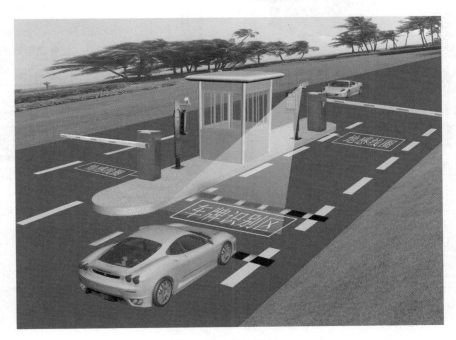

图 4-18　智能停车场

3．智能公交系统

　　智能公交系统是传统公交运营模式和物联网技术相结合的新型系统。公共汽车通过 GPS 可以将方位发送到每一个停靠站点的传输设备，接着传输设备又将信息传输给公交总站，然后再上传到综合处理云端，最后再传送到查询者手中。

　　在此过程中，除运用了物联网技术以外，还有 GPS 和互联网等技术。智慧公交系统的应用不仅方便了人们的出行，还有利于规范公交车的管理。

　　如图 4-19 所示，为智能公交系统解决方案。

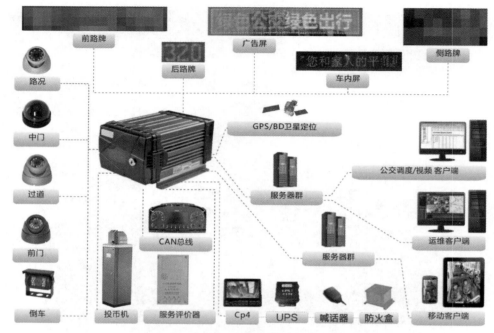

图 4-19　智能公交系统解决方案

4.2　内容分析：智慧城市的具体建设

　　智慧城市的建设一直都在进行中。一边建设一边思考，一边总结经验，使各国的智慧城市建设系统逐渐完善。智慧城市建设的最终目的是最大化地促使城市进行转型与升级，从而解决城市发展中的一些问题。

4.2.1　涉及领域

　　智慧城市的建设就是把那些以往被分别考虑、分别建设的领域，例如交通、物流、能源、商业、通信等，综合起来考虑的一项建设措施。

　　另外，它需要借助新一代的云计算、物联网、决策分析优化等信息技术，通过感知化、互联化、智能化的方式，将城市中的物理、社会、信息和商业基础设施连接起来，成为新一代的智慧化基础设施。

　　智慧城市的建设使得城市中各个领域、各个子系统之间的关系日益紧密，类似于给城市装上网络神经系统，使之成为可以指挥决策、实时反应、协调运作的系统。

　　我们可以先从智慧城市的建设阶段大致了解一下智慧城市需要建设的内容，

如表 4-3 所示。

表 4-3　智慧城市建设的 3 个阶段

阶　　段	建设内容
第一阶段	此阶段是智慧化基础设施的建设，例如物联网建设、云计算中心建设等，只有实现数字化，才能谈智慧化的问题。从服务性来说，城市管理、城市公共设施、基础服务设施的数字化最关键
第二阶段	此阶段是融合的智慧城市建设阶段，将来源于不同领域的城市基础服务信息实现基础性的互联和互动挖掘，借以形成泛在的城市服务
第三阶段	此阶段是智慧城市的内在发展阶段，实现更透彻的感知、更广泛便捷的互联互通、更深入的智慧化表现

从表 4-3 中可以看出，智慧城市的建设内容有两大方面，分别是现代网络基础建设和城市信息的资源开发利用。

现代网络的基础建设包括大力推进广电网、电信网、互联网"三网"融合，积极探索"三网"与无线宽带网、物联网、下一代互联网的"多网融合"。

加快推进数据中心建设也是网络基础建设的一部分。加快引进移动通信数据中心、重点产品和资源数据中心、市民健康数据中心、空间资源中心等一批面向重点行业应用的数据中心项目。引导运营商和广电集团、著名信息技术 (IT) 企业投资建设公共服务型的企业级数据中心和灾备中心。

在城市信息资源的开发利用方面，应着力加快数据库建设、推进信息资源数据交换和共享体系建设，以及加快培育信息资源市场，如图 4-20 所示。

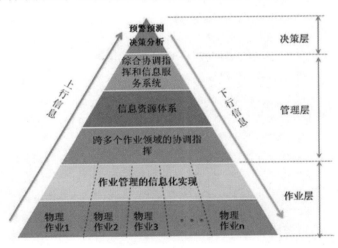

图 4-20　城市信息资源体系

基础平台和数据库建设重点要做好人口、自然资源与地理资源、三维地理空间和宏观经济 4 大基础数据库建设；加快人才资源、文化资源、创新资源、城市管理等综合数据库建设。

积极推进信息资源数据交换和共享体系建设，并积极引导企业、公众和其他组织开展公益性信息服务，促进公共信息资源市场化开发利用。积极探讨和引入竞争机制、价格机制、供求机制以及约束机制，充分调动社会资源参与公共信息资源的开发与供给，运用市场手段来管理和配置公共信息资源。

4.2.2 建设内容

智慧城市的主要建设内容是实现对社会生产生活各领域的精细化、动态化管理，以智慧公共服务、智慧社会管理、智慧人文、智慧安居、智慧教育、智慧生活等为重要建设内容，如表 4-4 所示。

表 4-4 智慧城市的建设内容

建设内容	建设方式
智慧公共服务	积极推动城市人流、物流、信息流、资金流的协调高效运行。通过加强医疗、就业、文化、安居等专业性应用系统建设，以及通过提升城市建设和管理的规范化、精准化和智能化水平，有效地促进城市公共资源在全市范围内共享
智慧社会管理	①推进社会保障卡（市民卡）工程建设，整合通用医保卡、农保卡、公交卡、健康档案等功能，逐步实现"一卡通"智慧便民服务。 ②建设市民呼叫服务中心，拓展服务形式和覆盖面，实现自动语音、传真、电子邮件和人工服务等多种咨询服务方式，逐步开展生活、政策和法律法规等多方面咨询服务。 ③开展司法行政法律帮扶平台、职工维权帮扶平台等专业性公共服务平台建设，着力构建覆盖全面、及时有效、群众满意的法律服务载体
推进面向企业的公共服务平台建设	①继续完善政府门户网站群、网上审批、信息公开等公共服务平台建设，推进"网上一站式"行政审批及其他公共行政服务，增强信息公开水平，提高网上服务能力。 ②深化企业服务平台建设，加快实施劳动保障业务网上申报办理，逐步推进银行、税务、海关、法院等公共服务事项网上办理。 ③推进中小企业公共服务平台建设，按照"政府扶持、市场化运作、企业受益"的原则，完善服务职能，创新服务手段，为企业提供个性化的定制服务，提高中小企业在产品研发、生产、销售、物流等多个环节的工作效率

建设内容	建设方式
智慧安居服务	开展智慧社区安居的调研试点工作，将部分居民小区作为先行试点区域，充分考虑公共区、商务区、居住区的不同需求，融合应用物联网、互联网、移动通信等各种信息技术，发展社区政务、智慧家居系统、智慧楼宇管理、智慧社区服务、社区远程监控、安全管理、智慧商务办公等智慧应用系统，使居民生活得到"智能化发展"
智慧教育文化服务	①建设完善教育城域网和校园网工程，推动智慧教育事业发展，重点建设教育综合信息网、网络学校、数字化课件、教学资源库、虚拟图书馆、教学综合管理系统、远程教育系统等资源共享数据库及共享应用平台系统。 ②继续推进再教育工程，提供多渠道的教育培训就业服务，建设学习型社会。继续深化"文化共享"工程建设，积极推进先进网络文化的发展，加快新闻出版、广播影视、电子娱乐等行业信息化步伐，加强信息资源的整合，完善公共文化信息服务体系。 ③构建旅游公共信息服务平台，提供更加便捷的旅游服务，提升旅游文化品牌
智慧服务应用	①智慧物流：配合综合物流园区信息化建设，推广RFID、多维条码、卫星定位、货物跟踪、电子商务等信息技术在物流行业中的应用，加快基于物联网的物流信息平台及第四方物流信息平台建设，整合物流资源，实现物流政务服务和物流商务服务的一体化，推动信息化、标准化、智能化的物流企业和物流产业发展。 ②智慧贸易：支持企业通过自建网站或第三方电子商务平台，开展网上询价、网上采购、网上营销、网上支付等电子商务活动。积极推动商贸服务业、旅游会展业、中介服务业等现代服务业领域运用电子商务手段，创新服务方式，提高服务层次。结合实体市场的建立，积极推进网上电子商务平台建设，鼓励发展以电子商务平台为聚合点的行业性公共信息服务平台，培育发展电子商务企业，重点发展集产品展示、信息发布、交易、支付于一体的综合电子商务企业或行业电子商务网站。 ③建设智慧服务业示范推广基地。积极地通过信息化深入应用，改造传统服务业经营、管理和服务模式，加快向智能化现代服务业转型。结合我国服务业的发展现状，加快推进现代金融、服务外包、高端商务、现代商贸等现代服务业的发展

建设内容	建设方式
智慧健康保障体系建设	重点推进"数字卫生"系统建设。建立卫生服务网络和城市社区卫生服务体系，构建以全市区域化卫生信息管理为核心的信息平台，促进各医疗卫生单位信息系统之间的沟通和交互。以医院管理和电子病历为重点，建立全市居民电子健康档案；以实现医院服务网络化为重点，推进远程挂号、电子收费、数字远程医疗服务、图文体检诊断系统等智慧医疗系统建设，提升医疗和健康服务水平
智慧交通	建设"数字交通"工程，通过监控、监测、交通流量分布优化等技术，完善公安、城管、公路等监控体系和信息网络系统，建立以交通诱导、应急指挥、智能出行、出租车和公交车管理等系统为重点的、统一的智能化城市交通综合管理和服务系统建设，实现交通信息的充分共享、公路交通状况的实时监控及动态管理，全面提升监控力度和智能化管理水平，确保交通运输安全、畅通
着力构建面向新农村建设的公共服务信息平台	推进"数字乡村"建设，建立涉及农业咨询、政策咨询、农保服务等面向新农村的公共信息服务平台，协助农业、农民、农村共同发展。以农村综合信息服务站为载体，积极整合现有的各类信息资源，形成多方位、多层次的农村信息收集、传递、分析、发布体系，为广大农民提供劳动就业、技术咨询、远程教育、气象发布、社会保障、医疗卫生、村务公开等综合信息服务
积极推进智慧安全防控系统建设	①充分利用信息技术，完善和深化"平安城市"工程，深化对社会治安监控动态视频系统的智能化建设和数据的挖掘利用，整合公安监控和社会监控资源，建立基层社会治安综合治理管理信息平台。 ②积极推进市级应急指挥系统、突发公共事件预警信息发布系统、自然灾害和防汛指挥系统、安全生产重点领域防控体系等智慧安防系统建设；完善公共安全应急处置机制，实现多个部门协同应对的综合指挥调度，提高对各类事故、灾害、疫情、案件和突发事件防范和应急处理的能力
加快信息综合管理平台建设	①提升政府综合管理信息化水平；完善和深化"金土""金关""金财""金税"等金字政务管理化信息工程，提高政府对土地、海关、财政、税收等专项管理水平；强化工商、税务、质监等重点信息管理系统建设和整合，推进经济管理综合平台建设，提高经济管理和服务水平。 ②加强对食品、药品、医疗器械、保健品、化妆品的电子化监管，建设动态的信用评价体系，实施数字化食品药品放心工程

4.2.3　重要意义

智慧城市的建设意义主要有以下几个方面。

（1）城市建设能够实现资源节约、环保节能和绿色经济。智慧城市的理念和实践，能促进人们消费模式和生产方式的变革和创新，推动人们的绿色消费、清洁生产，实现节能减排、低碳环保的经济模式。

在未来的智慧产业中，通过建立一批环保新技术的研发和孵化基地，直接推广一批低碳技术、清洁生产技术和资源循环利用技术，可以大大地降低能源消耗率和污染排放率。

借助于智慧治理，还可以充分挖掘利用各种潜在的信息资源，加强对高能耗、高物耗、高污染行业的监督管理，改进监测、预警的手段和控制方法，从而降低经济发展对环境的负面影响，最大限度地实现经济和环境的协调发展，合理地调配和使用水、电力、石油等关键资源，减少了浪费，实现资源节约型、环境友好型社会和可持续发展的目标，如图 4-21 所示。

图 4-21　智慧城市模型

（2）转变经济增长方式，促进经济结构调整和产业转型升级。智慧城市建设需要大量新兴技术的支撑，通过这些技术的广泛应用，提高信息、知识、技术和脑力资源对经济发展的贡献率，可以转变经济增长方式和经济结构，有利于推动产业结构优化升级，实现由劳动力密集型、资本密集型向知识密集型、技术密集型转变，从而使经济发展更具"智慧"。

智慧城市建设对智慧产业具有关联效应和催化效应，对于物联网软件来说，建设智慧城市需要海量的智慧基础设施、智慧产品、智慧技术和智慧设备，由此将形成市场大、范围广、关联多、链条长的智慧产业链和产业群，并催生了一大批新的智慧产业，这对智慧城市的建设有极大的促进作用。

专家提醒

以物联网为例，由于物联网涉及的技术是一个大集成，将带动大规模产业链的形成，其中包括物联网设备与终端制造业、物联网网络服务业、物联网基础设施服务业、物联网软件开发与应用集成服务业、物联网应用服务业等。

据估计，仅物联网造就的 M2M 通信将驱动新一轮的 ICT 建设，将成就新的万亿美元级的市场。因此，推进智慧城市建设，能够提高经济的知识含量和产业的科技含量，加快经济结构的调整和产业转型升级。

（3）带动和培育战略性新兴产业。由于战略性新兴产业具备掌握关键核心技术、广阔的市场前景、资源消耗低、产业带动大、就业机会多、综合效益好等特征，因此，战略性新兴产业日渐成为转变经济增长方式、提高国家综合竞争力的重大战略选择。

当前，世界各国，尤其是各主要大国在国家层面作出战略布局和筹划，纷纷把发展新能源、新材料、信息网络、生物医药、节能环保、低碳技术、绿色经济等作为新一轮产业发展的重点，加大投入，着力推进。

智能产业的发展为智慧城市的建设提供了基础的技术支持和产业条件。智慧城市的建设也拉动和催化了智慧技术和智能产业的发展。在智慧产业中，很多内容就属于战略性新兴产业。因此，智慧城市建设，将直接推动战略性新兴产业的培养和发展。

（4）有利于转变政府职能，提高公共管理的效率。相对传统的人为行政管理和决策手段，智慧城市所提供的智慧化的城市服务手段，可大大提升公共服务部门的行政效率和决策水平，有助于实现城市政府从管理到服务、从治理到运营、从零碎分割的局部应用到协同一体的平台服务的三大跨越。

从国内目前城市化、工业化的现实来看，各种社会矛盾不断增加，城市病更加突出；交通拥堵、食品安全、医疗资源紧张、公共卫生事件、环境污染、教育资源分配不均、就业压力、城市安全监管难度加大等，这些问题不断地考验着政府的服务能力和管理水平。

建设智慧城市，就是要贯彻"互联、整合、协同、创新、智能"的智慧城市理念，借助于全面的集成的智慧技术，建立统分结合、协同运行的城市管理智慧应用系统，通过更全面的互联互通、更有效的交换共享、更协作的关联应用、更深入的智能化，促进城市人流、物流、信息流、交通流的协调高效运行，使我们的城市运行更安全、更高效、更便捷、更绿色、更和谐。

信息技术的广泛、深入应用将为人们打造一个完全数字化的生活环境，数字化新生活将成为人们基本的生活方式。远程视频交流、网上购物、远程学习、电子医疗等科学、绿色、超脱、便捷的数字化新生活将梦想成真，如图 4-22 所示。

图 4-22　智慧城市的建设

4.2.4　主要技术

信息技术应用成为城市运行不可或缺的重要手段。精准、可视、可靠、智能的城市运行管理网络将覆盖所有的城市要素，有效地支撑城市安全、可靠地运行。智慧城市建设离不开物联网、互联网、云计算等技术支撑，每种技术都是一个庞大的体系，涉及众多学科和领域。

物联网、互联网和云计算交融发展正在构建无所不在、人与物共享的关键智能信息基础设施。广泛分布的传感器、RFID 和嵌入式系统使物理实体具备了感知、计算、存储和执行能力，不断地推动城市运行的智能化、可视化和精准化。

随着城市运行管理网络延伸到社区、家庭和个人，以及与治安管理等信息系统的深度融合，城市运行管理网络将逐渐覆盖城市所有的人和物，使传感中枢智能调度城市要素。以物联网为例，它涉及的技术就数不胜数，各层都离不开技术的参与，如图 4-23 所示。

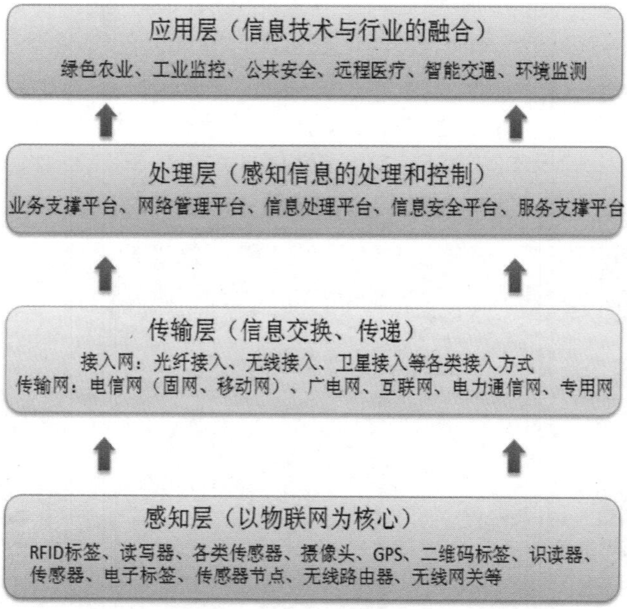

应用层（信息技术与行业的融合）

绿色农业、工业监控、公共安全、远程医疗、智能交通、环境监测

处理层（感知信息的处理和控制）

业务支撑平台、网络管理平台、信息处理平台、信息安全平台、服务支撑平台

传输层（信息交换、传递）

接入网：光纤接入、无线接入、卫星接入等各类接入方式
传输网：电信网（固网、移动网）、广电网、互联网、电力通信网、专用网

感知层（以物联网为核心）

RFID标签、读写器、各类传感器、摄像头、GPS、二维码标签、识读器、传感器、电子标签、传感器节点、无线路由器、无线网关等

图 4-23　建设智慧城市各层的依赖技术

此外，智慧城市建设有利于人才要素、技术要素、资金要素向众多智慧产业集聚。可以预计，智慧城市的建设将引发新一轮大规模的科技创新浪潮。

信息网络基础设施处于更新换代的重大变革期，宽带化、三网融合进程不断加快。下一代互联网快速推进，互联网、物联网交融发展，云计算所带来的计算资源配置更加有效。高速、宽带、融合、无线的新一代智能信息基础设施将成为现实，满足人们随时随地的上网需求。

在这个网络体系构架下，无论使用者是在电脑前、厨房里，还是在便利店购物，或是在火车站候车，都能通过便利的方式连入网络。信息基础设施将与城市水、电、气、交通等设施通过传感网络紧密联系、融为一体，共同构成城市信息基础设施，全面满足城市人与物的连通需要。

4.3　案例介绍：国内外智慧城市建设

目前，智慧城市的建设理念已经在全球范围内推广开来，我国国内城市也不例外。本节列举了国内外智慧城市建设的案例，展示当前智慧城市的发展形势。

4.3.1　迪比克——美国第一个智慧城市

迪比克是美国建设的第一个智慧城市，也是美国最宜居的城市之一，风景秀丽，密西西比河贯穿城区，如图 4-24 所示。

图 4-24　美国迪比克市

　　以建设智慧城市为目标，迪比克计划利用物联网技术，在社区里将城市的所有资源（包括水、电、油、气、交通、公共服务等）数字化，并连接起来。通过监测、分析和整合各种数据，进而智能化地响应市民的需求，并降低城市的能耗和成本，使迪比克市更适合居住和商业发展，更好地服务市民。

　　迪比克市的第一步是向所有住户和商铺安装数控水电计量器，其中包含低流量传感器技术，防止水电泄漏造成浪费。同时搭建综合监测平台，及时对数据进行分析、整合和展示，使整个城市对资源的使用情况一目了然。更重要的是，迪比克市向个人和企业公布这些信息，使他们对自己的耗能有更清晰的认识，对可持续发展有更多的责任感。

4.3.2　韩国——部署 U-City 发展战略

　　韩国推出的 U-City 发展战略目的是希望把韩国建设成智能社会。这个发展战略以无线传感器为基础，把韩国的资源数字化、网络化、可视化、智能化，从而促进韩国的经济发展和社会变革。这个国家级宏观战略具体通过建设 U-City 来实现，如图 4-25 所示。

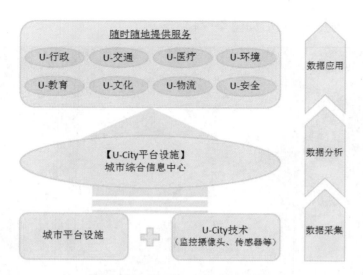

图 4-25　韩国 U-City 平台设施

U-City 计划从城市设施管理、交通、安全等方面来改变韩国人民的生活。例如，首尔利用红外摄像机和无线传感网络，在监测火灾时，可以突破人类视野的限制，提高火灾监测自动化水平；"U-环境"可以自动给市民手机发送是否适宜户外运动的提示，市民还可以实时查询气象、交通等方面的信息。

韩国松岛被很多人看作全球智慧城市的模板。这座崭新的智慧城市位于首尔以西约 65 千米远的一处人工岛屿上，占地 6 平方千米。该项目从 2000 年开始兴建，共投资 350 亿美元。由于松岛的信息系统紧密相连，因此评论人士也把它称为"盒子里的城市"。

韩国以网络为基础，打造绿色、数字化、无缝移动连接的生态、智慧型城市。通过整合公共通信平台以及无处不在的网络接入，消费者可以方便地开展远程教育、医疗，办理税务，还能实现家庭建筑能耗的智能化监控等。

4.3.3　新加坡——以资讯通信驱动的智能化国度

智慧城市发展的基石是完善的资讯通信基础设施。新加坡一直努力在建设以资讯通信驱动的智能化国度和全球化都市，通过物联网等新一代信息技术的积极应用，新加坡将建设成为经济、社会发展一流的国际化城市，如图 4-26 所示。

在电子政务、服务民生及泛在互联方面，新加坡成绩引人注目。其中智能交通系统通过各种传感数据、运营信息及丰富的用户交互体验，为市民出行提供实时、适当的交通信息，并得以成为全球资讯通信业最发达的国家之一，提升了各个公共与经济领域的生产力和效率。

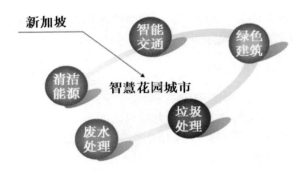

图4-26 新加坡智慧城市

新加坡建立了一个以市民为中心，市民、企业、政府合作的"电子政府"体系，让市民和企业能随时随地参与到各项政府机构事务中。目前，新加坡的市民和企业可以全天候访问1600多项政府在线服务以及300多项移动服务，这为新加坡人的衣食住行和企业的商业运作带来了极大的便利。

4.3.4 北京——将先进技术应用到各个领域

北京是我国的首都，也是我国的文化中心、政治中心，"智慧城市"新技术已在北京率先使用。北京在智慧城市的建设中，将先进技术应用到了生产和生活的许多领域，是建设比较全面的智慧城市。

北京的智慧城市建设以"人文北京、科技北京、绿化北京"为战略指导，结合"国家首都、国际城市、文化名城和宜居城市"的城市定位，全面充分地掌握了推进智慧城市建设的条件。

4.3.5 上海——将建设信息化提升到新的高度

上海市是我国的金融、经济、贸易和航运中心，作为中国东部的第一大城市，各方面建设都走在最前端，智慧城市的建设也不例外。

上海公布的"十二五"规划建设中把信息化提升到了新的高度，提出"大力实施信息化领先发展和带动战略"。目前上海已初步形成建设"智慧城市"的基本框架，分别是信息基础设施能级提升、信息技术的广泛应用、信息技术创新，以及产业化、信息化的发展环境。

例如已建成的浦东新区内河海事智能化综合信息平台。该项目主要针对浦东新区范围内各内河航道、航船进行实时海事执法动态监管、航道管理、运输安全监控。

系统通过对GIS系统、RFID系统和船载AIS等系统的数据调用对内河运航船只、航道运行情况实现实时监控和及时调度。特别是对特种运输船只（如危险品运输船、内河泥浆船等）可以实现行船路线的精确监控，从而保证航运安全，防止偷倒泥浆、偷倒建筑垃圾等事件发生。

4.3.6　杭州——杭州城市大脑2.0

2018年9月19日，阿里巴巴在杭州云栖大会上正式发布杭州城市大脑2.0。早在2016年的时候，杭州城市大脑首次对外公布，经过了多年的发展，城市大脑功能日趋完善，它覆盖了杭州市大部分市区，覆盖面积达到420万平方千米，相当于65个西湖的大小。

如图4-27所示，为杭州云栖大会城市大脑2.0发布现场。

图4-27　杭州城市大脑2.0发布现场

城市大脑其实就是一个智慧城市系统，它可以连接分散在城市各个角落的数据，通过对大量数据的整理和分析来对城市进行管理和调配。城市大脑使得杭州市的交通拥堵情况得到了明显改善。

4.3.7　巴塞罗那——垃圾箱都已走向智能时代

智慧城市是西班牙巴塞罗那现在最重要的项目之一。巴塞罗那原来的纺织产业老工业区，是这一项目最重要的试验地。

如果你在巴塞罗那马路边的红绿灯上可以看到一个小黑盒子，那么笔者会告诉你这绝对不是一般的"盒子"。它是可以给附近盲人手中的接收器发送信号，并引发接收器振动以便提醒其已临近路口的一个装置。

停车场地上的小凸起是停车传感器，司机只要下载一种专门的应用程序，就能够根据传感器来的信息获知哪里有空车位。巴塞罗那的标志性景点圣家族大教堂是游客云集的地方，那里建立了比较完善的停车传感器系统，可指引各种车辆进行停放。

在巴塞罗那，连垃圾箱也已经走向智能时代。在它上面安装的传感器能够检测垃圾箱是否已装满。根据传感器传来的信息，垃圾收集中心可以建立一个数据库，并以此安排垃圾车的作业路线，而不必每个垃圾箱都去查看。

除此之外，垃圾箱还安装有一个气味传感器。如果垃圾箱中的气味超出了正常标准，传感器也会发出警报进行提醒。这样的话，就再也不用担心垃圾难闻的气味对周围的居民造成污染了。

巴塞罗那的智慧城市建设项目规模都不是很大，但种类很多，其中一些是试验性质的，已经得到了进一步的推广和实施。

4.3.8　北欧各国——智慧城市小有成就

欧洲的智慧城市更多关注信息通信技术在城市生态环境、交通、医疗、智能建筑等民生领域的作用，希望借助知识共享和低碳战略来实现减排目标，推动城市低碳、绿色、可持续发展。

早在 2007 年，欧盟就提出并开始实施一系列智慧城市建设目标。欧盟对于智慧城市的评价标准包括智慧经济、智慧环境、智慧治理、智慧机动性、智慧居住及智慧人 6 个方面。北欧国家在通过智慧城市改善交通、促进节能减排方面有不小的成就。

瑞典首都斯德哥尔摩被欧盟委员会评定为"欧洲绿色首都"。在普华永道智慧城市报告中，斯德哥尔摩名列第五，分项排名中，智能资本与创新、安全健康与安保均为第一，人口宜居程度、可持续发展能力也名列前茅。

该市在治理交通拥堵方面取得了卓越的成绩。斯德哥尔摩市在通往市中心的道路上设置了 18 个路边监视器，利用射频识别、激光扫描和自动拍照等技术，实现了对一切车辆的自动识别。

借助这些设备，该市在周一至周五 6 时 30 分至 18 时 30 分之间对进出市中心的车辆收取拥堵税，从而使交通拥堵水平降低了 25%，同时温室气体排放量减少了 40%。

另外一个例子是素有"自行车之城"的丹麦首都哥本哈根，这座城市在绿色交通方面成绩斐然，如图 4-28 所示。

为促使市民使用二氧化碳排放量最少的轨道交通，该市通过统筹规划，力保市民在家门口 1 千米之内就能使用到轨道交通。1 千米路的轨道交通建设显然还要依赖群众基础深厚的自行车。

除了修建 3 条"自行车高速公路"以及沿途配备修理等服务设施外，他们还为自行车提供了射频识别或全球定位服务，通过信号系统保障出行畅通。

图4-28　绿色城市哥本哈根

4.3.9　里约热内卢——采用难以想象的城市管控模式

在距离巴西科帕卡巴纳海滩 (Copacabana Beach) 不远的地方，有一间布局和设施都很像美国国家航空航天管理局 (NASA) 指挥中心的控制室。

里面有身穿白色套装的市政机构管理人员，坐在控制室内巨大的屏幕墙前静静地工作着。屏幕上显示着里约热内卢城市动态监控视频，包括各个地铁站、主要路口的交通状况，通过复杂的天气预测系统预报出来的城市未来几天的降雨情况、交通事故处理状况，以及其他城市问题处理及其进展状况等。采用了以往难以想象的城市管控模式的里约热内卢，可能成为今后全球各大城市进行运营、管控时效仿的样板。

这间控制室所在的大楼正是里约热内卢市政运营中心大楼，其管控运营系统是由 IBM 公司应里约热内卢市长的请求专门设计的。此前，IBM 曾在其他地方为警察局等单个政府职能部门建立过类似的数据中心管理 / 运营系统，但从未开发过整合了 30 多个城市管理部门数据的统一的城市运营管理系统。此次里约热内卢市的实践，标志着 IBM 正在深入拓展这项有着巨大市场规模的业务领域。

里约热内卢城市运营中心系统成为 IBM、思科等科技公司开拓这一智慧城市运营市场的成功案例。里约热内卢城市地理环境复杂，绵延于山脉和大西洋之间，城市遍布着别墅、民居、研发中心和建筑工地。石油开采业巨头纷纷到这里建立研发中心，准备开发丰富的海上油气田资源。

在里约热内卢，自然和人为灾难时有发生，频发的暴雨常常会造成山体滑坡，导致人员伤亡。此外，贫富差距悬殊也在困扰着这座城市。

实施里约热内卢市政运营中心系统对于 IBM 公司来说也是一个非常大的挑

战。不过，对于致力于拓展地方政府业务的 IBM 来说，里约热内卢复杂的状况恰好提供了一个大展身手的契机——将环境如此复杂的里约热内卢打造成一个运营、管控更加智慧化的城市，其经验对于全球其他城市的管理将很有借鉴意义。

城市管理部门一旦掌握信息、理解信息，并且知道如何利用信息，实现智慧城市管理的目标也就完成一半了。

尽管过去 IBM 曾为马德里和纽约市开发了犯罪管控中心，为斯德哥尔摩开发了交通拥堵费管理等系统，但为里约热内卢整个城市建立一个整合系统仍是十分艰巨的任务。IBM 面临的挑战是，作为总承包商，除了负责具体实施工作以外，IBM 还要管理项目中其他供应商提供的实施方案，例如管理当地公司承接的建筑和电信工程，管理思科提供的网络基础设施和电视会议系统，管理三星公司提供的数字显示屏等。IBM 负责人说："IBM 作为主集成商，必须全面协调项目实施中的每一项工作。"

此外，IBM 还安装了整合的虚拟操作平台。这是一个基于 Web 的信息交互平台，用以整合通过电话、无线网络、电子邮件和文本消息发来的信息。

例如，市政管理员工在登录平台后，可在事件现场及时输入信息，同时可查看派出了多少辆救护车等信息。他们还可以分析历史信息，确定诸如汽车容易发生事故的地点等。

IBM 还将把为里约热内卢城市定制的洪水预测系统，也整合到城市运营中心系统中。据里约热内卢市长介绍，该市政运营中心这个项目的投资大约为1400 万美元。里约热内卢已成为基于数据对城市进行运营、管理的典范。

1. 巴西狂欢节

在巴西狂欢节那天，IBM 负责人站在里约热内卢市政运营中心内，仔细察看着整合城市运营系统的运行状态。IBM 负责人感叹："我在全球其他城市单体职能部门见过比这里还好的信息基础设施，但里约热内卢市政运营中心系统的整合程度之高是前所未有的。"

在狂欢节准备工作上，这座城市面临的最大挑战是街道的通行能力。据市政秘书长介绍，狂欢节期间的 4 个周末，在 350 个不同的地点大约要举行 425 场桑巴舞游行表演，有几百万人参加活动。

利用运营中心，市政机构现在可以协调 18 个不同的部门进行同步计划。这些部门可以共同分配街道的表演时段并设计游行路线，同时制订安全、街道清理、人群控制及满足其他城市管理需求的计划。

2. 贫民区的警报器

因为里约热内卢贫民区发生过山体滑坡，所以在 66 个贫民区都安装了警报器，以无线方式连接到市政运营中心。同时，市政中心开展了大量演习，志愿者在演习中帮助疏散居民。

这样一来，在真正发生山洪的情况下，运营中心可以决定何时发布何种警报。这一决定是由城市运营中心系统来下达的——通过超级计算机、系统模型、算法运算预测 1 平方千米范围内的降雨量，计算结果比标准气象系统准确得多。当系统预测出强降雨时，运营中心向不同的部门发送相应的预警信息，各部门便做出应对准备。

4.3.10 阜阳——实施"1510"战略

阜阳智慧城市试点将经过 3 ～ 5 年的创建期，系统地推进市政府公共信息平台、智能交通、智慧城管等 10 个"智慧项目"建设。

阜阳智慧城市建设将实施"1510"战略，即建设"1"个平台（"智慧城市"公共信息服务平台）；完成"5"项任务（保障体系与基础设施、建设与宜居、管理与服务、产业与经济、创新任务）；建设"10"个重点项目（市政府公共信息平台、无线阜阳智能应用、智能交通服务工程、智慧环保工程、城市应急综合指挥调度系统、智慧城管、智能管网、农业物联网综合应用示范区、劳务资源综合服务信息平台、智能煤化工程）。

据相关负责人透露，目前阜城全部公交都安装了 GPS 模块，并实现了联网，这在全省还是首家。

而集合了"掌上公交"功能的"美好安徽"无线城市客户端，还具备查询、缴纳水费、电费（三区五县供电、市区供水已上线）、车辆违章信息、购买电子影票（阜城大地、星美两家数字影院）、本地医院专家门诊挂号预约（市人民医院已上线）等多种功能，真可谓是个生活"大管家"。

目前阜阳市智慧城市的一些基础设施建设已经实现。例如城市应急综合指挥调度系统；市交通运输局已建立了 GPS 监管平台，实现省、市、企业三级联网运行；全市有 5 个县市区建立了农业物联网小麦"四情"监测等 7 个监测点，太和县被确定为全省农业物联网应用示范县；在阜阳农业信息网设置了农产品供求交易信息"一站通"服务平台、"三农"热线问题处理平台。

4.3.11 温州——实现独具特色的智慧旅游

为了加快该规划的落地实施，温州市旅游局委托北京巅峰美景科技有限责任公司启动了"温州智慧旅游建设示范试点项目实施方案"，如表 4-5 所示。

在智慧旅游建设的过程中，温州将充分整合现有独特的自然资源、经济资源、文化资源、历史资源等优质要素，通过挖掘与创造、调整与优化，塑造温州旅游目的地的核心价值与整体形象，打造独具特色的旅游品牌，彰显温州文化个性和魅力，实现全面释放品牌影响力，提升旅游产业的文化与社会价值。

表4-5 温州智慧旅游建设内容

内　容	说　明
建设目标	①实现温州旅游产业的转型升级。 ②将温州旅游产业打造成全国智慧旅游城市建设的样板工程。 ③实现"智慧旅游·服务民生"的旅游发展目标
建设需求	构筑"一核一岛四板块"的旅游空间发展格局： ①"一核"为都市商务旅游核。 ②"一岛"为洞头国际性旅游休闲群岛。 ③联动"四板块"，即"雁荡山-楠溪江"山江度假板块、瑞平文化体验板块、文泰生态养生板块以及苍南山海运动板块。 "一核""一岛"是针对高端商务休闲旅游产业的发展规划，"四板块"是针对大众旅游产业的发展规划
建设特色	①建设以推进旅游小微企业发展和旅游产业融合为目标的"温州旅游行业孵化与电子商务平台"，实现温州旅游经济的进一步现代化、规模化升级。 ②建设以强化商务休闲旅游产业的软实力为目标的"温州商务旅游会员制营销服务平台"，树立温州商旅品牌，提升温州商旅产品的竞争力，进一步提升来温州旅游的人的人均消费水平。 ③基于"温州旅游行业孵化与电子商务平台"，针对乡村旅游、休闲旅游资源经营体，提供简单、易用、好用、必须用的网络化、智慧化分销服务，实现旅游产业和民生的充分融合和共同发展
建设成果	随着温州智慧城市和智慧旅游的实施，智慧旅游相关的技术及服务产业将得到飞速发展。温州旅游功能结构将得到显著改善，社会效益将不断增强

4.3.12 香港——打造方方面面的智慧生活

在智慧城市的建设过程中，香港出现了不少成功的案例。这些案例可以帮助我们更加透彻地了解香港建设智慧城市的经验，同时也给我们带来了一些启发和思考。

1. 八达通

"八达通(Octopus)"是中国香港地区著名的电子收费系统，也是香港的一张"名片"。普通公众可以用它搭乘各种交通工具并进行小额交易。在一些场所，它甚至可以当作通行卡来使用。

八达通于1997年推出，最初设计只是用于乘车付费，这一点类似常见的公交卡。在1999年，八达通业务扩展到零售服务业。在2003—2004年，八达通正式融入香港政府的收费系统中，人们可以利用八达通进行停车缴费、支付政府公共设施使用费等。

目前，接受八达通付款的商户超过 2000 家，它们拥有超过 50 000 个八达通读写器。年龄在 16 ~ 65 岁之间的香港市民 95% 以上的人都在使用八达通。

八达通最大的好处在于免除了人们使用硬币的烦恼。出门在外，携带一张八达通卡比携带又重又大的硬币要方便得多。无论你是刚到香港的游客，还是土生土长的香港人，都可以在地铁客户服务中心购买八达通卡。充值也很方便，持卡人可以选择自主充值机充值或者人工充值。

八达通卡的另一大特色是，它可以允许欠账消费。具体来说，八达通的余额可以为负值，最大负值不超过 35 港币。这样设计的好处是显而易见的，试想如果早晨赶车上班时，突然发现八达通余额不足，又来不及充值，那会多么麻烦！

2．医健通

医健通是香港政府诸多电子健康记录合作计划中的一个计划。目前医健通的功能主要用于运作医疗券计划及资助计划，包括长者医疗券计划和儿童流感疫苗资助计划。但这只是香港政府电子健康记录的一部分。

实施电子健康记录互联互通的好处是显而易见的。对于病人，电子健康记录可以提供完整的健康记录。看病时可以帮助医师作出更全面的医疗决策，减少重复查验和治疗，既节省了医疗花费，又提高了医疗效率。

对于医师而言，可以掌握全面的信息，提高工作效率，减少手写病历带来的误读和失误；对于社会公共卫生部门而言，电子病历可以让他们及时掌握大众公共卫生安全状况，有利于对突发公共卫生安全事件作出快速准确的反应。

3．无线射频识别系统

由于地处国际金融中心，香港机场每日的吞吐量巨大。为了应对这一挑战，香港机场安装了无线射频识别行李确认及管理系统。该系统可以高效准确地分拣行李，大大提高了机场员工的工作效率和旅客体验。

香港国际机场是世界上率先采用射频识别 (RFID) 行李分拣系统的机场。与传统的行李分拣系统相比，这种先进的行李分拣系统最大的不同在于，该系统的行李标签里有一个识别芯片，芯片中记载了有关该行李的简单信息，如行李主人姓名、航班号等。

分拣时这些信息就会被分拣系统自动读取，从而快速地分拣行李。新技术还允许行李识别系统以非直线的角度快速地确定行李的信息，识别率高达 97% 以上。而传统条码识别系统只能以直线角度在视线内识别，且识别率仅为 80%。因此，新技术有力地保障了行李分拣的准确度。

第5章

工业、农业的应用与案例

学前提示

物联网的作用范围非常广泛，在工业、农业领域已有非常多的应用。物联网为工业、农业的发展带来了机遇，使它们的生产操作更便捷。在工业方面，物联网结合先进的制造技术，形成智能制造体系；在农业方面，人们可以直接通过电脑或手机智能监测农作物的生产环境等。

5.1 先行了解：智能工业、智能农业概况

随着科技的不断进步，以及各国对物联网发展和应用的高度重视，物联网的应用现在已经涉及人们生活的方方面面。

例如，智能工业、智能农业、智能电网、智能交通等，在信息时代，物联网无处不在。本章我们就先从智能工业和智能农业谈起。

5.1.1 认识智能工业与智能农业的概念

首先我们来认识一下智能工业与智能农业的概念。

1. 智能工业的概念

工业一直都是社会经济的一大主体，人类历史上的第一次工业革命发生在18世纪。英国人瓦特发明了蒸汽机，开创了以机器代替手工工具的时代，人类也因此进入了工业时代。如图5-1所示，为瓦特和他发明的蒸汽机火车。

图5-1　瓦特和蒸汽机火车

第二次工业革命发生在1870年以后，当时科学技术的发展突飞猛进，各种新发明、新技术层出不穷。这些发明和技术被快速地应用于工业生产，极大地促进了经济的发展。

第二次工业革命让全世界由"蒸汽时代"进入"电气时代"，工业重心由轻纺工业转为重工业，出现了电气、化学、石油等新兴的工业部门。其科学技术的突出发展主要表现在4个方面，分别是电力的广泛应用、内燃机和新交通工具的创制、新通信手段的发明以及化学工业的建立。

进入21世纪以后，随着科技的进步，以及物联网的发展，智能化成为科技发展的新趋势。工业一直都是推动社会进步的原动力，其科技的发展也必然会朝着智能化的方向发展。所以，"智能工业"必将成为工业发展史上的"第三次工

业革命"，它的发生就在我们的生活中，其核心是"制造业数字化"。那么，究竟什么是"智能工业"呢？如图 5-2 所示。

图 5-2　智能工业

从图 5-2 中可以大致了解到，智能工业其实就是将具有环境感知能力的各类终端、基于泛在技术的计算模式、移动通信等不断地融入工业生产的各个环节，基于物联网技术的渗透和应用，与未来先进制造技术结合，大幅提高制造效率，改善产品质量，降低产品成本和资源消耗，将传统工业提升到智能化的新阶段，并形成新的智能化的制造体系。

2．智能农业的概念

农业是国民经济中一个重要的产业部门，它是培育动植物生产食品及工业原料的产业。农业的有机组成部分包括种植业、渔业、林业、牧业以及副业等。而智能农业是近年来随着物联网技术的不断发展衍生出的新型农业形式，它是传统农业的转型，如图 5-3 所示。

图 5-3　新型农业形势——智能农业

在传统农业中，农民全靠经验来给作物浇水、施肥、打药，若一不小心判断错误，可能会直接导致颗粒无收。

但是如今，智能农业的设施会用精确的数据告诉农民作物的浇水量，施肥、打药的精确浓度，需要供给的温度、光照、二氧化碳浓度等信息。所有的作物在不同生长周期曾被感觉和经验处理的问题，都由信息化智能监控系统实时定量精确把关，农民只需按个开关，做个选择就能种好菜、养好花、获得好收成。

那么以上的这些是靠什么做到的呢？这就需要用到智能农业依赖的物联网技术了。其实，智能农业便是将大量的传感器节点构成监控网络，通过各种传感器采集信息，以帮助农民及时发现问题，并且准确地确定发生问题的位置，这样农业将逐渐地从以人力为中心、依赖于孤立机械的生产模式转向以信息和软件为中心的生产模式，从而大量地使用各种自动化、智能化、远程控制的生产设备。

智能农业通过物联网技术，可以实时地采集大棚内的温湿度、二氧化碳浓度、光照强度等环境参数。

将收集到的参数和信息进行数字化的转化后，实时传入网络平台进行汇总整合，再根据农产品生长的各项指标要求，进行定时、定量、定位的计算处理，从而使特定的农业设备及时、精确地自动开启或者关闭，例如远程控制节水灌溉、节能增氧、卷帘开关等，保障农作物的良好生长。

通过模块采集温度传感器等信号，经由无线信号收发模块传输数据，实现对大棚温湿度的远程控制，如图 5-4 所示。

图 5-4　智能大棚的远程控制

智能农业能对气候、土壤、水质等环境数据进行分析研判，并规划园区分布、合理地选配农产品品种，科学指导生态轮作。其基本含义是根据作物生长的土壤性状，调节对作物的投入，它主要包含以下两个方面的内容。

● 确定农作物的生产目标，进行定位的"系统诊断、优化配方、技术组装、科学管理"。

● 查清田块内部的土壤性状与生产力空间变异。

通过这两个方面来调动土壤生产力，以最少、最节省的投入达到更高的收入，并改善环境，高效地利用各类农业资源，取得经济效益和环境效益。总而言之，就是以最少的成本获得最多的收成。

智能农业还包括智能粮库系统，该系统通过将粮库内温湿度变化的感知与计算机或手机连接进行实时观察，记录现场情况，以保证粮库的温湿度平衡。

它集成现代生物技术、农业工程、农用新材料等学科，以现代化农业设施为依托，科技含量高，产品附加值高，土地产出率高和劳动生产率高，是我国农业新技术革命的跨世纪工程。如图5-5所示，为北京精准农业技术研究示范基地。

图 5-5 北京精准农业技术研究示范基地

专家提醒

智能农业绝不单是对农作物生长过程中的技术的运用，它是一个完整的系统。它包括专家智能系统、农业生产物联控制系统和有机农产品安全溯源系统 3 大系统。在这 3 大系统中，利用网络平台技术和云计算等方法，最终实现在农业生产中的信息数字化、生产自动化、管理智能化的目的。

智能农业通过在生产加工环节给农产品自身或货运包装中加装 RFID 电子标签，以及在仓储、运输、销售等环节中不断地更新并添加相关信息，从而构造了有机农产品的安全溯源系统。

有机农产品的安全溯源系统加强了农业从生产、加工、运输到销售等全流程的数据共享与透明管理，实现了农产品全流程可追溯，提高了农业生产的管理效率，促进了农产品的品牌建设，提升了农产品的附加值。

5.1.2　了解智能工业与智能农业的特点

接下来我们来了解一下智能工业与智能农业的特点。

1．智能工业的特点

智能工业包含两方面内容，分别是智能制造技术和智能制造系统。智能制造模式突出了知识在制造行业中的价值地位，所以智能制造将会成为影响未来经济发展过程的重要生产模式。智能制造系统的特点如下。

（1）自律能力：即产品有搜集与理解自身信息和环境信息，并进行分析判断和规划自身行为的能力。

具有自律能力的设备在一定程度上表现出独立性、自主性和个性，甚至相互间还能协调运作与竞争，强有力的知识库和基于知识的模型是自律能力的基础。

（2）自组织与超柔性：智能制造系统中的各组成单元能够依据工作任务的需要，自行组成一种最佳结构。其柔性不仅表现在运行方式上，而且表现在结构形式上，所以称这种柔性为超柔性，如同一群人类专家组成的群体，具有生物特征。

（3）人机一体化：智能制造产品是人机一体化的智能系统，是一种混合智能。人机一体化一方面突出了人在制造系统中的核心地位，同时在智能机器的配合下，更好地发挥出人的潜能，使人机之间表现出一种平等共事、相互"理解"和协作的关系，使二者在不同的层次上各显其能，相辅相成。

（4）虚拟现实技术：虚拟现实技术是以计算机为基础，融合信号处理、智能推理、动画技术、预测、仿真和多媒体技术为一体，借助各种音像和传感装置，虚拟展示现实生活中的各种过程、物件等。

所以虚拟现实技术能展现制造过程和未来的产品，从感官和视觉上使人获得如同真实般的感受。但其特点是可以按照人们的意愿任意变化，这种人机结合的新一代智能界面，是智能制造的一个显著特征。

（5）学习能力与自我维护能力：智能制造系统能够在实践中不断地充实知识库，具有自学习功能。同时，在运行过程中自行诊断故障，并具备对故障自行排除、自行维护的能力。这种特征使智能制造系统能够自我优化并适应各种复杂的环境。

在复杂智能制造成套设备方面，行业最明显的特点是整体化的设计、多系统协同与高度集成化，全面应用关键智能基础共性技术、测控装置和部件，通过整体集成技术来完成感知、决策、执行一体化的工作，并根据在不同行业内的应用而体现巨大的差异化特性。

可以看出，智能制造产品的智能化主要体现在全自动运行管理、系统自检、复杂工况处理、控制系统的适应能力等很多方面。通过采用计算机、通信网络，以及各种高效、可靠的监控、控制、检测装备，配合自主研制和计算机软件，实现整套系统的智能化控制。

通过采用机器视觉技术实现对复杂工况的感知、判断与处理决策，具有故障自检测功能，出现故障时能够及时发出警报并保护设备处于安全状态。控制系统具有自适应功能，能适应上游生产线输送过来的多种规格的产品。

而且智能制造技术能根据不同独立单元的功能，依据不同用户的需求进行灵活多变的组合，满足不同的生产需求。从设计上把系统的各个功能单元进行规划，综合各种使用条件下的功能分布情况，按最优化性能指标进行功能划分、整合，创建各功能独立存在方式及接口方式，进行模块化设计。

（6）高协同性：智能制造成套装备还具有高协同性，主要体现在两个层面：一是产品的协同性，每一套产品都是根据客户的特性、需求等特点，不同的上游生产设施以及相关环境资源的影响进行配置、设计、生产，达成客户整体生产系统的协同性运作。二是数据的协同性，通过产品的上位机软件能完美地集成到工厂的 ERP 系统中，实现工厂产品数据的统一管理，并通过对工厂产品数据的处理实现数据的二次开发，能及时发现生产的异常情况。

通过自检测系统的报警、现场生产管理人员的监测、公司技术人员通过互联网对系统实施远程诊断、技术人员现场维护等多种方式保障设备的正常运转，配合系统本身的高稳定性、高可靠性共同实现对客户系统的运行稳定性保障。

2．智能农业的特点

物联网在农业领域中有着广泛的应用。从农产品生产的不同阶段来看，无论是从种植和培育阶段，还是从收获阶段，都可以用物联网技术来提高它工作的效率和进行精细管理，如表 5-1 所示。

表 5-1　物联网技术在农作物生长中的运用

作物生长阶段	运用简介
种植准备的阶段	可在温室里面布置很多传感器，通过分析实时的土壤信息，来选择合适的农作物
种植和培育阶段	可用物联网技术手段采集温度、湿度信息，进行高效的管理，从而应对环境变化
农产品的收获阶段	可利用物联网信息，将系统传输阶段、使用阶段的各种性能进行采集，反馈到前端，从而在农作物种植收获阶段进行更精准的测算

有了物联网技术的加入，可大大提高农作物的种植效率，节省人工。如果是几千亩的农场，要对各大棚进行浇水施肥、手工加温，就需要用大量的时间和人员来操作。如果应用了物联网技术，只需用鼠标操控系统，前后不过几秒钟，就能完成烦琐的人工操作了，如图 5-6 所示。

感知种植
通过在农业生产现场部署各种传感器，远程实时地获取农业现场数据

预告预警
系统采集到的环境参数一旦超过了正常范围，会自动通过手机短信报告

智慧农业

图表分析
系统提供各种环境参数历史变化情况的图表分析，供科研和分析之用

智能决策
系统根据既定的智能策略和智能分析，自动进行数据处理和执行相应的操作

图 5-6　智慧农业的功能

具体来说，农业物联网智能测控系统具有以下技术特点。

（1）监控功能系统：根据无线网络获取的植物生长环境信息，例如，监测土壤水分、土壤温度、空气温度、空气湿度、光照强度、植物养分含量等参数。

其中，信息收集功能负责接收无线传感汇聚节点发来的数据、存储、显示和数据管理，实现所有基地测试点信息的获取、管理、动态显示和分析处理，以直观的图表和曲线的方式显示给用户，并根据以上各类信息的反馈对农业园区进行自动灌溉、自动降温、自动卷模、自动进行液体肥料施肥、自动喷药等自动控制。

（2）监测功能系统：在农业园区内实现自动信息检测与控制，通过配备无线传感节点，可实现所有基地测试点信息的获取、管理、动态显示和分析处理，以直观的图表和曲线的方式显示给用户，并根据种植作物的需求提供各种声光报警信息和短信报警信息。

（3）实时图像与视频监控功能：农业物联网的基本概念是实现农业上作物与环境、土壤及肥力间的物物相联的关系网络，通过多维信息与多层次处理实现农作物的最佳生长环境调理及施肥管理。

但是作为管理农业生产的人员而言，仅仅通过数值化的物物相联，并不能完全营造作物最佳生长条件。视频与图像监控为物与物之间的关联，提供的只是直观的表达方式。例如，哪块地缺水了，在物联网单层数据上看仅仅能看到水分数据偏低，应该灌溉到什么程度，也不能死搬硬套地仅仅根据数据作出决策。因为农业生产环境的不均匀性，决定了农业信息获取上的先天性弊端，对此很难从单纯的技术手段上进行突破。这也是目前物联网智能农业存在的一大缺陷。

5.2 全面分析：物联网应用于工业与农业领域

工业和农业作为我国的第一产业和第二产业，在国民经济中占有举足轻重的地位，而物联网作为一种新兴技术被广泛地应用于工业领域和农业领域。本节笔者主要讲述物联网在工业领域和农业领域方面的应用，具体内容如下。

5.2.1 物联网技术在智能农业中的应用

下面笔者将从植物和土壤监测、农业无人机、家畜监测以及远程天气监测等方面来介绍物联网在智能农业中的应用。

1. 植物和土壤监测

由于传统农业的数据采样方法并不准确，所以通过土壤传感器和仪表板可以获取精确的土壤数据。土壤和植物检测主要有几个方面，如水分和营养物质监测、用水量监测、施肥和化学成分监测等。

精准农业是智能农业的应用之一，为农业生产管理提供了精准的数据，对农业生产决策起到了重要作用，提高了土地利用率和农作物的产量。

2. 农业无人机

无人机已经逐渐地在农业领域被广泛应用，比如无人机喷洒农药、捕获农场照片等。如图5-7所示，为无人机喷洒农药。

图5-7 无人机喷洒农药

除此之外，无人机还可以进行农作物的评估和农田监测，无人机把收集到的数据上传到服务器，以便生产者获取。

3. 家畜监测

牧场管理者可以利用家畜传感器来对家畜进行监控，不仅可以轻松地追踪到家畜的位置，还能够获取家畜的健康状况的数据，识别患病的家畜，并将其隔离，进而预防疾病的传播。如图5-8所示，为智能牛羊定位终端。

图5-8 智能牛羊定位终端

4. 远程天气监测

对于农业来讲，天气是决定农作物生长情况的关键因素。通过各种传感器可以监测生产环境的天气状况，如气温、降雨量和光照等，从而提高农作物产量。

远程天气监测可以预测天气变化，获取气象信息。如图5-9所示，为借助田间气象站来进行远程天气监测的案例。

图5-9 田间气象站

5.2.2 物联网在智能农业应用中的分析

物联网技术在农业领域的深入应用，对智能农业的发展起到了重要的推动作用。但是，物联网在智能农业应用中还存在着许多问题，如图 5-10 所示。

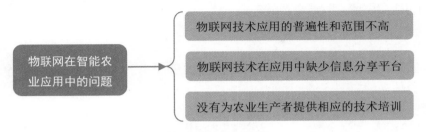

图 5-10　物联网在智能农业应用中的问题

　　基于以上这些问题和情况，物联网在智能农业应用中应该采取的策略有以下
3 点，如图 5-11 所示。

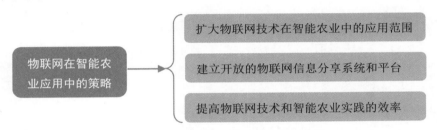

图 5-11　物联网在智能农业应用中的策略

5.2.3　物联网技术在智能工业中的应用

　　智能工业是物联网技术应用的重要领域，物联网技术在工业生产中的应用可以大大提高产品生产的效率和质量，降低生产成本和资源消耗，加快传统工业向智能工业的转型。

　　目前，物联网技术在智能工业的产品信息化、生产制造、经营管理、节能减排等环节中被广泛应用，因此笔者就从这些方面进行介绍。

1．产品信息化

　　产品信息化是指把信息技术与商品相融合，以提高产品中的信息技术含量。加快产品信息化的目的是增强产品的性能，提高产品的价值以及促进产品的升级换代。物联网技术的应用，提高了产品的信息化水平。

2．生产制造

　　物联网技术在生产制造环节的应用体现在生产线过程检测、实时参数采集和材料消耗监测等方面，能够大大提高工业生产的智能化水平。例如，在钢铁行业中应用物联网技术，能够实时监控加工产品的各种参数，如宽度、厚度和温度等，从而提高产品质量，节省生产成本。

3．经营管理

在工厂经营管理的环节中，物联网技术主要应用于供应链管理和生产管理两方面，具体内容如图 5-12 所示。

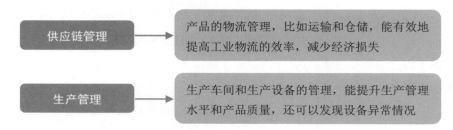

图 5-12　物联网在工厂经营管理中的应用

4．节能减排

物联网在高耗能、高污染的工厂中应用能有效地促进企业的节能减排，智能电网的发展实现了电力行业的节能，大大降低了能源损耗。通过物联网技术建立的污染源自动监控系统，能够对工业生产中排放的污染物等关键指标进行实时监控，为完善生产工序提供依据。

5．安全生产

利用物联网技术，建立监控及调度指挥综合信息系统，能够对采掘、提升和运输等生产设备进行状态监测和故障诊断，还可以监测工作环境的温度、湿度以及瓦斯浓度等。如果传感器检测到瓦斯浓度超标，系统就会自动拉响警报，提醒工作人员尽快采取措施，减少事故的发生。

另外，利用井下人员定位系统，能够对矿井工作人员进行定位和追踪，并进行身份识别，使其在发生矿难时能够及时得到营救。

我国工业领域行业众多，物联网技术在传统制造行业都有广泛的应用，如电器、汽车和重工等。不仅如此，工业物联网在其他行业也有涉及，如智能家居、交通运输以及食品安全等。

5.2.4　物联网在智能工业应用中的分析

工业物联网就是物联网在工业领域的应用，我国工业物联网产业链的主要参与者有网络运营商、平台提供商、系统集成商和设备制造商。如图 5-13 所示，为工业物联网产业链全景图。

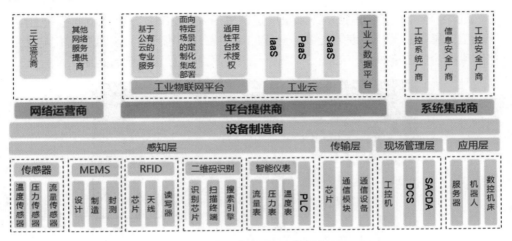

图 5-13　工业物联网产业链全景图

物联网在工业领域的能源、交通运输、制造等方面的应用发挥了重要的作用，我国工业物联网的发展从政府主导逐渐转向以应用需求为主。在未来，工业物联网将成为物联网应用推广的主要动力。

虽然我国工业物联网产业发展迅速，但是在应用的过程中也存在着诸多问题，具体内容如图 5-14 所示。

图 5-14　物联网在智能工业应用中的问题

5.3　案例介绍：智能工业、智能农业应用表现

传统的工农业有着不可避免的缺点，例如会耗费大量的时间和人力物力等，但随着物联网技术的不断发展，物联网在工农业中的实际应用已涉及方方面面，下面我们就来介绍一下物联网在工农业中具体的应用。

5.3.1　我乐家居溧水全屋定制工厂

2018年4月，我乐家居溧水全屋定制工厂入围2018年南京首批智能工厂。智能工厂是物联网技术在工业领域应用的典型表现，也是企业实现信息化与工业化高度融合的重要举措。如图5-15所示，为我乐家居溧水全屋定制工厂。

图5-15　我乐家居溧水全屋定制工厂

我乐家居通过引进国外先进的全自动化生产线，做到了规模化生产和个性化定制的完美融合，用严苛的智能生产标准，满足用户对家的想象。

运用物联网技术的智能工厂有着非常不错的前景和效益，它能够实现电子工单、生产过程透明化和可控化、产能精确统计以及车间电子看板的功能。不仅可以实现生产过程信息的视觉化，还能帮助生产管理者进行决策。

5.3.2　汽车工业中的人机界面

人机界面（Human Machine Interaction，HMI），又称用户界面或使用者界面，是人与计算机之间传递、交换信息的媒介和对话接口，是计算机系统的重要组成部分，也是系统和用户之间进行交互和信息交换的媒介。它可实现信息的内部形式与人类可接受形式之间的转换，凡参与人机信息交流的领域都存在着人机界面。

人机界面通常是指用户可见的部分，用户通过人机交互界面与系统交流，并进行操作，小到收音机的播放按键，大至飞机上的仪表板或是发电厂的控制室。

现在设备对于精密度以及自动化控制的要求越来越高，为人机接口需求以及应用市场带来了巨大的冲击，自动化工厂纷纷投入资金，在设备上投入了多样化的硬件及软件来顺应潮流和趋势，很多汽车工厂也开始应用人机界面。

传统的汽车修理厂在进行汽车车体的维修烤漆前，都必须依赖人工把不需要处理及重新烤漆的部分先用纸张粘贴遮蔽保护，在作业程序上相当复杂且会耗费大量的工时和人力。

但是如果能够将各类车体的外形与所有部位的尺寸资料详细地建立在资料库中，修车厂的人员在作业上将会减少许多流程与步骤。工作人员在工作时，直接从资料库中挑选汽车厂牌甚至车型，用触控的方式选择要烤漆的部位，在屏幕上标示出要修补的形状，这个操作可以精细到整个区域、线条、点等。

然后计算机就会把屏幕上的图形资料转换成要裁切的图形，传送给所连接的割字机，裁切出所需要的面积，粘贴在车身上之后，接着便可以顺利地进行烤漆的程序了。在触控方面，all-in-one 的电阻式触控屏幕工业计算机，使工作人员戴着手套也能进行全部的作业。

人机接口这样的工业控制产品，不再只是应用在半导体设备上，而是已经被导入日常生活中，就连我们的代步工具汽车等，也开始导入人机接口，迈向自动化市场，如图 5-16 所示。

图 5-16　人机界面应用

不论是哪种产业，都渐渐地被自动化制造设备和人机接口取代。传统工厂那种依赖人力制造和人工作业的生产模式，在线自动化生产设备涉入的部分越来越多，相对的工作效率也大幅增加。这样的自动化生产不但有效地降低了许多人为的不确定因素，而且也让工厂的自动化概念提升。智能工厂的脚步现已大幅地向日常生活迈进、渗透。

5.3.3　无线仓库与智能条码管理

近些年，随着原材料、成品质量等方面的管控日趋严格，传统仓储物流的日常经营已使企业管理者力不从心，在仓储企业出现了许多问题。例如，无法统计和监控员工的作业效率及有效时间，实物流与信息流不同步问题成为正常现象，基于纸张单据的信息传输导致数据录入的错误和人为不可避免的手工误码率、人海战术导致的效率低下和人力成本的提高，货物的入库、出库、调拨、盘点滞后等已成为管理瓶颈。

所以，现代企业急需全面提升运营效率，释放管理效能，以加固企业跨越式发展的基石。对于运用条码技术，规范企业仓库管理的需求，正变得尤为迫切。

无线仓库管理系统通过过程自动化、储存优化、自动任务调派、货物入库、转发交叉作业，能大幅度地提高仓库运作与管理的工作效率。通过条形码扫描、实时验证、按托盘编号跟踪，大幅度地减少了现有模式中查找货位信息的时间，提高了查询和盘点精度，大大加快了货物出、入库的流转速度，增强了处理能力。

条码管理系统与仓储物流管理的紧密结合，并与 ERP 系统的无缝衔接，使企业管理得以不断精进。条码管理系统作为企业提升管理水平的重要工具，虽然应用的时间并不长，但它所呈现的运营效益却是有目共睹的。

企业内部信息的收集、核对的准确性和及时性都有了明显的提高。企业在原材料采购、物料消耗、产品生产入库以及产品销货出货等方面的管控也更加精准。与此同时，员工的工作效率也有了明显的提升。

对于有待提升运营效能的企业而言，信息化无疑是一条布满荆棘却前途光明的道路。通过精准的批次管理、完善的产品质量追溯体系、严格的成本半成品进出管控，企业管理一定会更加精进。

 专家提醒

基于无线仓库管理系统的效益有以下几个方面。

（1）利用条码对产品进行标识，建立产品的质量追踪追溯。

（2）自动生成产品条码标签并打印，为产品实现全面条码管理建立基础。

（3）建立包装发货条码管理系统，提高入库发货的效率及准确性。

（4）实现原材料入库、产品包装、制品生产、发货等环节的报警功能。

（5）条码识别及数据采集终端的应用，可减少人为录入错误，省去纸上记录的重复工作，提高管理人员的工作效率与工作质量。

（6）为管理者提供实时的数据查询、审核工作，自动生成相关报表。

（7）仓库管理系统为管理者作出决策提供准确的库存数据，逐步实现精益生产。

（8）RFID 与条形码管理相结合，全方位提高运作效率。

5.3.4　北京市大兴区的"全国农业机械示范区"

北京市大兴区自从被确定为"全国农业机械示范区"以来，以更新老旧农机设备、提高机械化水平为重点，引进了一大批先进、适用、节能、环保的农业机械。

在北京大兴农业示范区中，随时随地都能看到对物联网技术的运用。例如现代的温室大棚，只要轻触手机，就能管理农作物了，如图 5-17 所示。

图 5-17　北京大兴的农业技术设备

传统农业耕作全凭农民的个人经验，完全没有充足的科学依据。但是现在北京大兴有会开口说话的"温室娃娃"，它就是蔬菜的"代言人"。蔬菜"渴了""晒了""冷了"，它都会在第一时间告诉你，再也不用担心不会说话的蔬菜在温室里住得不舒服，或者成长得不好的问题了。

"温室娃娃"的形状像我们经常使用的手机，它里面存储着各种作物最适宜的温度、湿度、露点、光照等数据。它的"感觉器官"会测出温室内的各种实际数据，经过与数据库对照之后，如果实际数据不符合这种作物最适宜的数据，它就会提醒你是加温还是降温、是通风还是浇水，如图 5-18 所示。

图 5-18　温室娃娃

据信息农业专家介绍，一台计算机可同时连接 32～64 个这样的"温室娃娃"，数据传输有效距离可超过 1.2 千米，一定距离内还可以采用无线方式传输数据。

此外，假如某一观光温室里的农作物要施营养液，那么管理员只需在储存搅拌罐前轻按开关，随后把注肥器上的水肥调至适当比例，再在控制器上输入施肥时间即可。即使管理员远在天边，也能靠系统管理家里的瓜果蔬菜，非常方便实用。

精准施肥、施药、灌溉系统的应用，有效地克服了传统农业容易过多、过少供给的弊端，既提高了农作物的品质，也减少了因肥药过多而导致的环境污染，有助于土地资源的可持续利用。

据估算，大兴在推广精准农业技术的生产基地后，肥料利用率提高了 10% 以上，节水 15%。采育镇鲜花生产基地减少了农作物因温度、湿度不适而发生的病虫害，使鲜花的出口品质比率提高了 20%。

说到采育镇鲜花生产基地，鲜花需要精心呵护才能绽放出它极致的美丽。如果按照传统方法栽培的话，一定会耗费很多人力物力，而运用物联网技术的话，不用时刻待在大棚里，也能培育出鲜艳欲滴的美丽花朵，如图 5-19 所示。

图 5-19　采育镇鲜花生产基地

在采育镇鲜花生产基地中控室的墙上挂着温室环境监控大屏。每栋温室内的温度、湿度、光照、二氧化碳浓度等参数一目了然。

温室里那些实时监控的环境指标可以自动报警，绿色表示正常，红色即为报警。假如有一个棚的湿度显示由绿变红，技术员只需开启一旁的网络视频语音监控系统，启动按钮发布要发布的命令，那么立刻就会有温室的工作人员去执行，而且坐在电脑前的技术员通过视频画面还能看到工作人员实时操作情况。

温室的环境监测与智能控制系统，是通过室内传感器"捕捉"各项数据，经数据采集控制器汇总、中控室电脑分析处理，结果即时显示在屏幕上的，管理人员可通过视频语音监控系统随时指挥。

像采育镇鲜花生产基地这样的精准农业技术，大兴已在 5 个镇、6 个村示范推广。此外，大兴区还自主开发了农业信息网，为农民搭建了一个集农业产前信息引导、产中技术服务和产后农产品销售于一体的综合农业信息服务网。同时链接了本区 3 个专业网站和 20 个农业企业网，架起了农民与市场、专家之间的桥梁，农民有什么问题都可以直接上网与专家对话。

以信息化引领现代农业发展将是大势所趋，物联网将是实现农业集约、高产、优质、高效、生态、安全的重要支撑，同时也为农业农村经济转型、社会发展、统筹城乡发展提供"智慧"支撑。

5.3.5　山东省苍山县的"现代农业示范园"

山东省苍山县"现代农业示范园"现已发展成一个炙手可热的旅游景点。占地两万多亩的"现代农业示范园"是集农业展览、示范推广、教育培训、旅游观光于一体的现代农业基地。

其主要建筑有农业科技展览馆、农业科技广场、日光温室蔬菜大棚、智能化温室、青少年科普游乐园、城市居民认领菜地、完善基础设施、农业旅游设施、果品采摘园、蔬菜采摘园、花卉超市、畜牧养殖观光区、沼气站、完善农家乐等景点。

苍山现代农业示范园的高档温室是具有国内先进农业科技水平的智能化温室。在高温大棚的种植区，各种作物都长得郁郁葱葱，并且可以看到棚内全部安装了移动信息控制终端和传感器，用来实时监测大棚蔬菜温湿度、二氧化碳浓度、光照等生长环境参数。

控制终端可以与种植户的手机直接连接，在手机上可以查看大棚内的温度、湿度情况，然后可以根据产生的智能监测信息对蔬菜进行精确管理，如图 5-20 所示。

甚至坐在办公室里，可用鼠标拉近监控页面，使其停留在蔬菜叶子上，能很清晰地看到叶片上的情况。假如有病情的话，工作人员能尽早发现并及时做防护措施。

在现代农业示范园"农科苑"大棚温室内，得益于先进的蔬菜水肥一体化技术设施。据工作人员介绍，一个人可以轻松实现超过 6000 多平方米蔬菜的管理。采用水肥一体化技术可节水 35% ~ 50%、节肥 30% ~ 40%、增产 20% 以上。

苍山县有山东省首家省级标准农副产品质量监督检验中心和农产品质量安全

检测检验中心，各乡镇分设专业检测机构，即使最基层的各企业、合作社也都配有检验室、速测站，进一步保障了农产品走向市场的质量。

图 5-20　示范园中的监控设置

5.3.6　江苏省宜兴市的"智慧水产养殖系统"

江苏中农物联网科技有限公司研发的"智慧水产养殖系统"用物联网传感技术精确识别蟹塘的含氧量，将无线 3G 设备、主控平台与增氧设备智能联动，实现了蟹塘的智能化增氧。

河蟹属于名贵淡水产品，味道鲜美、营养丰富，具有很高的营养价值和经济价值。由于其适应性较强，近年来养殖规模迅速增加，为养殖户带来了良好的收益。然而，河蟹养殖效果受多方面因素的影响，其中关键要素是池塘中的含氧量，一旦含氧量低于 3mg/L，河蟹身体就容易虚弱，行动变得非常缓慢。

河蟹从蟹苗到完全长大需要 5 次蜕壳，每次蜕壳后，河蟹体重将会大幅增加。如果蜕壳时期缺氧，很容易导致河蟹停止蜕壳，难以长大。同时，河蟹蜕壳后，由于身体柔软，在水面或岸边极易遭到鸟类等天敌的攻击。因此，蜕壳时期缺氧将直接影响河蟹的产量和品质。

传统的解决方法缺点明显，且需要耗费大量的人力物力，还不能保证质量，此时就需要物联网的帮忙了。江苏中农物联网科技有限公司集成农业技术、测控技术、传感技术、通信技术等，在国内创新研制出了"智慧水产养殖系统"。

在宜兴市水产养殖示范基地的蟹塘里，一台设备固定在水中，对蟹塘内的含氧量进行监测，岸边的控制器实时接收传输的数据，科学地控制水中溶解氧含量。

　　池中的溶解氧传感器作为采集和传输单元，可对蟹塘内的含氧量进行监测。一台采集器监控 25 ～ 40 亩蟹塘，采集到的信息通过内置的 3G 无线传输设备，发往位于岸边像百叶箱的设备中，这就是系统的控制器。

　　然后，控制器对传输来的信息进行分析，当数值低于 3mg/L 时，系统就会自动开启增氧机，一旦数值高于 5mg/L，系统就会自动结束增氧。且采集器还会把汇聚到的信息传输至总控制中心，用户可以通过互联网登录中农智慧水产养殖系统平台，对设备进行监控，如图 5-21 所示。

图 5-21　水产养殖设备

　　在控制器设备箱内安装的整套气象预警监控设备，可收集光照强度、气温、风速、风力等信息，并汇聚到控制系统中进行分析，对天气变化作出预判，配合溶解氧传感器的工作，建立超前预警机制，以应对河蟹生长关键时期（7~9 月）的复杂天气。

　　整套系统支持手动与自动混合控制模式。养殖户既能设定程序让系统自动控制增氧，还可以通过发送手机短信、下载手机应用程序或登录系统网站，远程开启或关闭增氧器。

　　"智慧水产养殖系统"运用物联网技术，提升了产品数量和质量，增加了农产品的产出收益，真正实现了河蟹养殖的智能化，是一项值得推广运用的强农惠农好办法。河蟹养殖水域使用该系统后，河蟹的成活率和产量得到大幅提高。据初步测算，按已实施的螃蟹养殖水域推算，蟹农经济效益将增长 2000 万元左右。

　　宜兴河蟹溯源系统，还在河蟹包装盒上印上二维码与防伪标签，推进宜兴大闸蟹品牌化。

由于智能养殖系统采取模块化设计工艺，可由单一的水产养殖向其他农业生产领域外延，目前，整套系统现已由水产养殖逐步覆盖了畜禽饲养、设施园艺、茶叶生产、大田作物等多个农业产业领域。

　　目前，这套系统已走出江苏，走向全国，在浙江、天津等地推广。平台建设运行将全面推进江苏省乃至全国农业物联网发展上新的台阶，并为农业物联网的产业化盈利模式开创新局面。

第6章
电网、物流的应用与案例

学前提示

  如今，随着科学技术的不断发展，在人们的生产生活中，电力的重要性自然不用多说，智能电网就能满足用户的各类需求；物流方面也是非常重要的，如今的网上购物只需要一个订单号就能获取包裹的所有信息，这正是物联网技术在智能物流方面的应用。

6.1 先行了解：智能电网、智能物流概况

物联网在电网和物流中的应用仅次于物联网在工业中的应用。随着能源的不断减少，要实现可持续发展的目标，就必须发展高科技能源。近年来，物联网在电网和物流中的应用已经非常广泛。

6.1.1 认识智能电网与智能物流的概念

首先让我们来认识一下智能电网与智能物流的概念。

1. 智能电网的概念

智能电网，就是电网的智能化，也被称为"电网 2.0"。它是建立在集成的、高速双向通信网络的基础上，通过先进的传感和测量技术、设备技术、控制方法以及先进的决策支持系统技术的应用，实现电网的可靠、安全、经济、高效、环境友好和使用安全的目标。

智能电网的核心内涵是实现电网的信息化、数字化、自动化和互动化，其主要特征包括自愈、激励用户、抵御攻击、提供满足 21 世纪用户需求的电能质量、容许各种不同的发电形式的接入、启动电力市场以及资产的优化高效运行等。

电网是在电力系统中，联系发电、用电的设施和设备的统称，属于输送和分配电能的中间环节，它主要由联结成网的送电线路、变电所、配电所和配电线路组成。通常把由输电、变电、配电设备及相应的辅助系统组成的联系发电与用电的统一整体称为电网。

电网的发展与社会的发展有着十分密切的关系。它不仅是关系国家经济安全的战略重大问题，而且与人们的日常生活、社会稳定密切相关。它对国民经济的发展和社会进步起到了重要作用。

近年来，伴随着中国电力发展步伐的不断加快，中国电网也得到了迅速发展，电网系统运行电压等级不断提高，网络规模也不断扩大，并基本形成了完整的长距离输电网。

我国智能电网建设步伐加快，特高压电网工程进展顺利。2011 年我国智能电网进入全面建设阶段，在示范工程、电动汽车充换电设施、新能源接纳、居民智能用电等方面得到大力推进。

2. 智能物流的概念

智能物流就是利用集成智能化技术，采用最新的激光、红外、编码、无线、自动识别、无线射频识别、电子数据交换技术、全球定位系统、地理信息系统等高新技术，使物流系统能模仿人的智能，具有思维、感知、学习、推理判断和自

行解决物流中某些问题的能力，从而解决物流过程中出现的一系列问题。

随着经济全球化的发展，全球生产、采购、流通、消费成为一种必然趋势，使现代物流业成为一种朝阳产业，"智能物流"也摆上了议事日程，如图6-1所示。

图 6-1 智能物流

物流是供应链的一部分，过去一直强调的是物流业与制造业的联动发展，但是现在，物流业不仅要与制造业联动发展，同时也要与农业、建筑业、流通业联动发展。

所以，供应链管理是物流发展的必然趋势，智能物流将向"智慧供应链"延伸。通过信息技术，实施商流、物流、信息流、资金流的一体化运作，使市场、行业、企业、个人联结在一起，实现智能化管理与智能化生活，如图6-2所示。

图 6-2 智能物流应用平台

商品、资金、信息、技术等都是在全世界范围流动的，所以智能物流已经成为全世界的共同目标。

另外，智能物流关注的是公共利益，而不是单个企业为了追求利润而实施的。企业智能物流的运用，是公共智能物流的体现。所以，智慧物流不可能靠企业单打独斗，只有打破条块分割、地区封锁的恶习，树立全国、全行业一盘棋的思想，智能物流才能在运输装备、共同配送等方面有所突破。

专家提醒

物流公共信息平台也是智能物流的一个体现。物流公共信息平台是指基于计算机通信网络技术，提供物流信息、技术、设备等资源共享服务的信息平台。具有整合供应链各环节物流信息、物流监管、物流技术和设备等资源，面向社会用户提供信息服务、管理服务、技术服务和交易服务的基本特征。

物流公共信息平台包括3方面的内涵：物流电子政务平台，用于政府监管和服务的职能，电子口岸即属于此类；物流电子商务平台，用于供应链一体化网上商业活动；电子物流平台，用于物流运输全过程的实时监控管理。

6.1.2　了解智能电网与智能物流的特点

传统电网和物流无论是从设备还是从技术上来说都比较落后，无法适应今天电力和物流大规模需求的趋势，急需进行更新。

1. 智能电网的特点

智能电网的特点决定了它同传统技术方案的电网有所区别，同时也是其成为智能技术的内涵所在。与现有电网相比，智能电网高度融合了电力流、信息流和业务流，其具体有以下特点。

（1）可靠自愈：自愈是智能电网最重要的特征，也是其可靠性的本质要求。自愈是指通过在线自我评估以预测电网可能出现的问题，在很少或不用人为干预的情况下，将故障元件从系统中隔离出来，使电网迅速恢复到正常运行状态。

自愈的实现是依靠信息技术、传感器技术、自动控制技术与电网基础设施有机融合，然后才可获取电网的全景信息，及时发现、预见可能发生的故障。

（2）灵活互动：柔性交/直流输电、网厂协调、电力储能、智能调度、配电自动化等技术的广泛应用，使电网运行控制更加灵活、经济。智能电网在保证电网稳定可靠的基础上，能灵活支持可再生能源，并能适应大量分布式电源、微电网以及电动汽车充放电设施的接入，如图6-3所示。

智能电网系统运行与批发、零售电力市场可实现无缝衔接，支持电力交易的有效开展，实现资源的优化配置，实现电力运行和环境保护等多方面的收益。

通过智能电网建立双向互动的服务模式，用户可以实时了解供电能力、电能质量、电价状况和停电信息，合理地安排电器使用，电力企业则可以获取用户的详细用电信息，为其提供更多的增值服务。

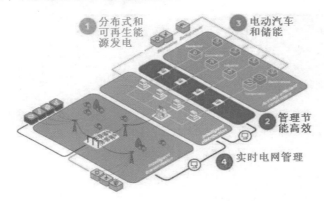

图6-3 智能电网系统

（3）安全可靠：智能电网具有坚强的电网基础体系和技术支撑体系，可以有效地抵御自然灾害、外力破坏和攻击，能够适应大规模清洁能源和可再生能源的接入。电网的坚强性得到了巩固和提升，从而保障人身、设备和电网的安全。

（4）优质高效：提供更加高品质的电能，在数字化、高科技占主导的经济模式下，电力用户的电能质量能够得到有效保障，并真正实现电能质量的差别定价。

资产和设备优化利用，电网需要引入最先进的 IT、监控技术优化设备和资源的配置，提高系统设备传输容量和利用率，有效控制成本，保证资产和设备优化利用，实现电网的经济运行。

通信、信息和现代管理技术的综合运用，将大大提高电力设备使用效率，降低电能损耗，使电网运行更加经济高效。

（5）兼容协调：传统电力网络主要是面向远端采用集中式发电。智能电网可以容纳包含集中式发电在内的多种不同类型的发电方式，如分布式发电，如图6-4所示。

智能电网与电力市场化可进一步实现无缝衔接。有效的市场设计可以提高电力系统的规划、运行和可靠性管理水平，提高电力市场竞争效率。

（6）信息集成：智能电网的实现包括监视、控制、维护、能量管理、配电管理、市场运营、ERP 等和其他各类信息系统之间的综合集成，并要求在此基础上实现业务集成。

图 6-4 分布式发电

通过物联网不断优化流程、整合信息，实现电网企业管理、生产管理、调度自动化与电力市场管理业务的集成，形成全面的辅助决策支持体系，支撑企业管理的规范化和精细化，不断提升电力企业的管理效率。支持电力市场和电力交易的有效开展，实现资源的合理配置、降低电网损耗、提高能源利用效率。

2．智能物流的特点

物流是以仓储为中心，促进生产与市场保持同步的产业。物流活动是人类基本的社会经济活动之一，智能物流是传统物流的提升，它运用物联网技术实现信息化和综合化的物流管理和流程监控。智能物流具有以下特点。

（1）使消费者轻松、放心地购物：作为消费者，最关心的想必就是产品的质量安全问题。智能物流通过提供货物源头自助查询和跟踪等多种服务，究本溯源，可对食品类等各类产品的源头进行查询，能够让消费者买得放心、吃得放心。消费者对产品的信任度高了，也会促进消费，最终对整体市场产生良性影响。如图 6-5 所示，为放在大型商场里的食品安全查询机。

智能物流强调物流服务功能的恰当定位与完善化、系列化。除了传统的储存、运输、包装、流通加工等服务外，智能物流服务在外延上向上扩展至市场调查与预测、采购及订单处理，向下延伸至配送、物流咨询、物流方案的选择与规划、库存控制策略建议、货款回收与结算、教育培训等增值服务，在内涵上则提高了以上服务对决策的支持作用。

（2）降低物流成本，提高企业利润：智能物流能大大降低了各行业的成本，提高了企业的利润。物体标识、标识追踪及无线定位等信息技术的应用，能够加强物流管理的合理化，降低物流消耗，从而减少流通费用，增加利润。而且生产商、批发商、零售商三方通过智能物流相互协作和信息共享，物流企业便能更节省成本。

图6-5　食品安全查询机

（3）为企业采购、生产和销售系统的智能融合打下了基础：随着物联网技术的普及，实现物与物的互联互通已经是指日可待的事。而"物物相连"将给企业的采购系统、生产系统与销售系统的智能融合打下基础。

（4）提高政府部门的工作效率：除了对消费者和企业有着不可替代的优越性之外，智能物流通过计算机和网络应用，全方位、全程监管食品的生产、运输、销售，使政府部门的工作效率大大提高，同时，还使得监管更加彻底和透明。

（5）促进当地经济进一步发展，提升综合竞争力：智能物流使用先进的技术、设备与管理为销售提供服务，生产、流通、销售规模越大、范围越广，其物流技术、设备及管理就越现代化。

智能物流集多种服务功能于一体，体现了现代经济运作特点的需求，即强调信息流与物质流快速、高效、通畅地运转，从而降低社会成本，提高生产效率，整合社会资源，提升当地综合竞争力。

（6）加速物流产业的发展，成为物流业的信息技术支撑：将物流企业整合在一起，将过去分散于多处的物流资源进行集中处理，可以发挥整体优势和规模优势，实现传统物流企业的现代化、专业化和互补性。

智能物流的建设，将加速当地物流产业的发展，集仓储、运输、配送、信息服务等多功能于一体，打破行业限制，协调部门利益，实现集约化高效经营，优化社会物流资源配置，如图6-6所示。

此外，这些企业还可以共享基础设施、配套服务和信息，降低运营成本和费用支出，获得规模效益。

图 6-6 智能物流系统

6.1.3 智能电网的 7 大环节

接下来笔者将为大家介绍一下智能电网的 7 个环节，即智能发电、智能输电、智能变电、智能配电、智能用电、智能调度和智能通信，具体内容如下。

1．智能发电

智能发电主要涉及的技术领域有常规能源、清洁能源以及大容量储能应用等，具体内容如图 6-7 所示。

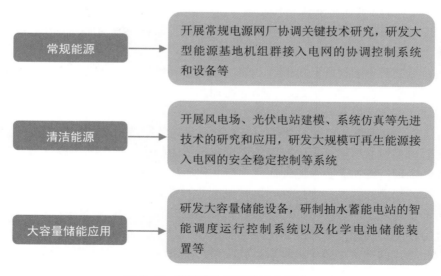

图 6-7 智能发电涉及的技术领域

2．智能输电

智能输电的核心就是输电线路状态监测技术，它能够实时地监控所有线路的运行情况，降低维护成本，缩短维护周期，进而大大减少因为输电线路故障而导致的损失，确保电网安全稳定地运行。

除此之外，智能输电还包括决策分析和 GIS 等平台。目前，我国已应用广域量测技术，输电线路状态监测技术应用正在大力推进。

3．智能变电

智能变电站采用集成、环保的智能设备。以全站信息数字化、通信平台网络化和信息共享标准化为目标，自动完成信息的采集、测量和控制等基本功能。此外，还支持电网实时自动控制、智能调节等高级功能。

4．智能配电

国内的配电自动化系统一共有 3 种类型，如图 6-8 所示。

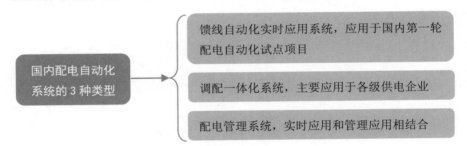

图 6-8 国内配电自动化系统的 3 种类型

5．智能用电

智能用电目前主要体现在电动汽车充放电设备和智能小区这两个方面。电动汽车充放电设备的智能用电应用有交流充电桩、非车载充电器以及充电站等。智能小区的智能用电应用有自助缴费终端、用电信息采集系统以及分布式电源建设等。

6．智能调度

目前，电网调度中心虽然都配备了独立的自动化业务系统，比如能量管理系统等，却不能支持多级电网的协调控制和优化调度，也不能满足纵深安全防护和等级保护等需求。所以，急需开发新一代的智能电网调度控制系统。

7. 智能通信

智能电网的关键是用可靠、安全的通信手段，把分布的实时数据进行集中处理，所以没有集中处理实时数据的电网就谈不上智能。

电力通信网的建设不仅要满足主网的业务需求，还要满足配网的业务需求。此外，虽然集中式数据中心的建设为集中分析和管理奠定了基础，但是也对通信有了更高的要求。

6.2　全面分析：物联网应用于电网与物流领域

随着物联网的发展，其在电网和物流中的应用越来越广泛。智能电网和智能物流分别是电力行业和物流行业的必然产物。下面我们就来介绍一下物联网在这两个行业中的具体应用。

6.2.1　物联网在智能电网中的应用

在讲述物联网在智能电网中的应用之前，笔者先为大家介绍智能电网的作用，如图6-9所示。

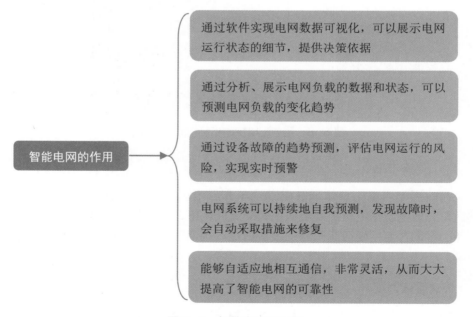

图6-9　智能电网的作用

另外，智能家电、智能控制设备等智能终端在智能电网中有着非常重要的作用。通过手机上安装的用电软件，就可以远程控制空调、冰箱等家电，从而轻松地实现在电价便宜的时候用电。

而且，智能电网中的配变电量采集箱也不仅只有以前单向的采集功能，还新增加了 Wi-Fi 和网络功能。收集用户的用电信息数据以后，再通过网络发送到供电公司的数据终端，然后进行数据分析处理，最后根据用户用电的实际情况来定制用电方案，并用手机短信的形式通知用户。

智能电网能为用户节约用电，例如，用户通过查询高耗能电器的用电使用数据，就可以了解家中有哪些电器存在浪费电的情况。

接下来笔者就从电力系统管理、电动汽车、储能技术这 3 个方面来讲解物联网技术在智能电网中的应用。

1. 电力系统管理

通过应用射频识别技术，能够实现电力资产的生命周期管理。具体来说，就是在电力系统设备上设置 RFID 电子标签，然后利用读写器录入或变更设备的参数、指标等相关信息，以便对电力资产信息进行身份识别和集约化管理。

除此之外，智能电网的高水平生产管理同样需要物联网技术的支持。通过无线传感技术，能够减少工作人员进入危险区域的概率，这样不仅减少了操作风险，也提高了工作效率。

2. 电动汽车

电动汽车是通过车载电源和电机驱动车轮来行驶的。通过在电动汽车、电池和充电设施中安装传感器和射频识别装置，来感知电动汽车运行、电池使用和充电设施的状态，从而实现对电动汽车和充电设施的监测分析，保障电动汽车稳定、高效地运行。

利用物联网等技术，实现对电动汽车、电池以及充电站的智能感知和联动，让用户和充电站充分了解资源的使用情况，最终实现资源的统一配置以及优质服务。如图 6-10 所示，为电动汽车充电桩。

3. 储能技术

在以前，电能很难实现大容量存储，而智能电网中的储能技术可以解决这个难题。智能电网中能量储存的形式有很多，比如储能电站、电动汽车中的储能电池等。储能技术主要分为物理储能、化学储能以及电气储能。如图 6-11 所示，为智能电网电池储能系统。

在不久的将来，智能电网可以让每个用户都拥有自己的发电和储能设备，不仅实现用电自给自足，还能反过来支援他人。

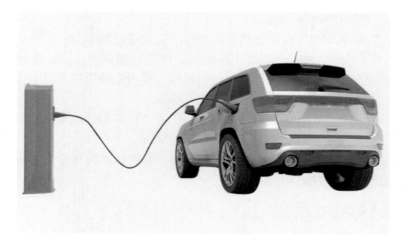

图 6-10　电动汽车充电桩

图 6-11　智能电网电池储能系统

6.2.2　物联网在智能物流中的应用

　　目前，物联网在智能物流中的应用主要集中在以下几个方面，如图 6-12 所示。

　　物联网在智能物流中的应用技术包括射频识别、无线传感器网络、GPS、云计算和 M2M 等。接下来笔者就来重点讲解 RFID 技术和 GPS 技术在智能物流中的应用，如图 6-13 所示。

产品智能可追溯网络系统：在货物追踪、识别及查询等方面起到了重要作用

可视化智能管理网络系统：实现在物流过程中定位车辆和监控运输物品等作用

物联网在智能物流中的应用

智能化企业物流配送中心：实现物流配送中心的全自动化以及物流和生产的联动

企业智慧供应链：帮助企业满足个性化的用户需求，实现供应链的智能化

图 6-12　物联网在智能物流中的应用

RFID 技术

通过电子标签识别各种商品，然后利用 RFID 技术识别商品信息，帮助企业实现智能调度指挥运输车辆及船舶，从而实现物流的可视化。

通过在托盘等集装设备上加装 RFID 标签、配送中心的收货处使用 RFID 读写器等操作，以便对其进行管理和跟踪，实现商品库存的信息化管理。

另外，在装车过程中，扫描运输车辆上的RFID标签，将配送货物信息录入到车载终端并下载

GPS 技术

可以提供物流配送与动态调度的功能，帮助企业优化物流运输路线、科学地分配车辆，使企业利润效益最大化。另外，还提供车辆报警功能，利用智能监控保证货物运输的安全和效率。

能够对货物运输车辆进行全程跟踪和定位，以便在突发状况下进行车辆应急救援工作，实现在线配货信息服务

在物流配送监控系统中应用GPS技术可以优化入库调度服务流程，避免车辆无法卸货和入库的问题

图 6-13　RFID 技术和 GPS 技术在智能物流中的应用

下面笔者将从智能仓储、运输监测、智能快递柜这 3 个方面来详细讲解物联网在智能物流中的应用。

1. 智能仓储

智能仓储是仓库自动化的产物，如图 6-14 所示。通过物联网等技术的应用可以大幅度地提高仓库的运营效率，不仅能节约人工成本，还能减少工作失误。

图 6-14　智能仓储管理系统

智能仓储的构成要素和组件有智能机器人（主要负责货物的分拣及包装）、射频识别、AI、物联网以及智能仓储管理系统（Warehouse Management System，WMS）。

智能仓储管理系统采用射频识别智能仓库管理技术，读取十分方便快速，能实现物流仓储的智能化管理。智能仓储管理系统能收集数据并创建可视化报告，帮助管理并优化仓储流程，以及监督仓库运营的效率。

物流企业要想打造专业的智能仓储体系，就要根据智能仓储规划原则、场地工艺方案规划和项目实施质量等要点来把握。如图 6-15 所示，为智能仓储管理系统。

和传统的仓储相比，智能仓储拥有巨大的优势。如图 6-16 所示，为智能仓储和传统仓储的区别与比较。

在智能仓储中，有两样东西是必须要用到的：一个是仓储笼，如图 6-17 所示；另一个是 RFID 电子标签阅读器，如图 6-18 所示。

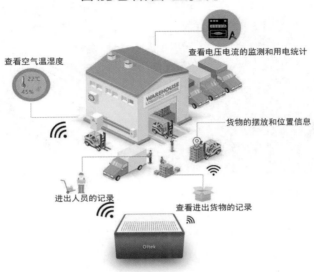

图6-15 智能仓储管理系统

智能仓储和传统仓储的区别	传统仓储：需要人工来扫描货物和录入数据，导致工作效率不高，而且仓储货位规划不清晰，乱堆乱放，缺少流程跟进
	智能仓储：货物进出库效率高，储存容量大，劳动力强度和人工成本低，可以实时地显示并监控货物进出情况，以提高交货准确率

图6-16 智能仓储和传统仓储的区别

仓储笼是仓储运输中主要的物流容器，具有堆放整洁、便于清点等特点，可以提高仓储的空间利用率。

RFID电子标签阅读器能够读取和识别RFID电子标签中的电子数值，以便自动识别物体，还可以对物体信息进行采集、处理和远程传送。运用RFID技术，可以防止偷窃，降低损失。例如，在商品出库时，如果信息系统检测出未经许可认定的产品，就会自动报警。

图 6-17　仓储笼

图 6-18　RFID 电子标签阅读器

2．运输监测

利用物流车辆管理系统能够实时监控、定位跟踪运输的货车和物品，还可以监测运输车辆的速度、油量消耗和刹车次数等数据。把这些信息结合起来，能够提高运输效率、降低运输成本和货物损耗，清晰地掌握整个运输过程的情况。

3．智能快递柜

智能快递柜是通过物联网技术对物品进行识别、储存以及监管，它和 PC 服务器一同组成了智能快递投递系统。PC 服务器把智能快递终端收集的信息数据进行处理，并实时地进行数据更新，以便进行快递查询、调配和快递终端维护等操作。如图 6-19 所示，为智能快递柜。

图 6-19　智能快递柜

快递员把快递存入智能快递柜后，智能系统就会自动发送短信通知用户取件，用户可以在规定的时间免费取出快递，超过这个时间则要收取一定的费用。

说完物联网在智能物流中的 3 个应用，那未来物联网在智能物流领域的应用发展趋势又会如何呢？未来物联网在智能物流中的应用趋势如图 6-20 所示。

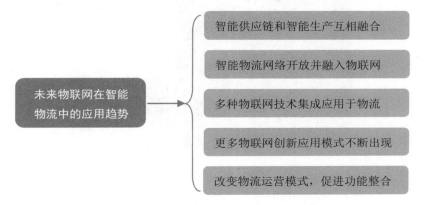

图 6-20　未来物联网在智能物流中的应用趋势

6.3　案例介绍：智能电网、智能物流典型表现

智能电网是当今世界电子系统发展革新的制高点，是未来电网发展的必然趋势；而智能物流的发展将会使得物流装备能力越来越强大，同时还可以提高企业的管理水平。下面我们来介绍一下物联网技术在电网行业和物流行业应用的典型案例。

6.3.1　宁夏中宁"光伏发电智能一体化"系统

发电是智能电网中最基础的环节。随着物联网技术的智能应用，水电水利规划设计总院联合北京木联能软件技术有限公司、中电投黄河公司针对光伏电站的大规模发展问题，立项研究光伏发电智能一体化解决方案，如图 6-21 所示。

"光伏发电智能一体化"是众多单位研发的一整套系统，也是我国首个光伏发电智能一体化科技平台。该系统已经成功地应用于宁夏中宁一期 10 兆瓦光伏项目。通过该系统的运用，可以提升发电站的综合效益，并实现光伏智能化管理。该系统的优点如下。

- 全景数据、设备生命周期监测，提高设备利用率。
- 监控、管理、预测一体化，可大幅度提升电站管理效率。
- 有效地整合设备资源，减少重复投资，降低建站投资及运行成本。
- 施工运维便利，减少协调环节，责任明确，进而降低系统维护成本。

图 6-21　光伏发电

宁夏中宁一期 10 兆瓦光伏电站，是黄河水电公司宁电分公司对外发展的第一个在宁夏地区"落地生根"的项目，规划总装机容量为 20 兆瓦，占地面积约 0.46 平方千米，生产运行期为 25 年，年平均上网电量 2728 万千瓦时。

该发电站的全系统包括光伏发电智能化监控系统、光伏发电智能化信息系统、光功率预测系统、视频监控系统等。

据统计，该项目在运行期内，预计太阳能资源年平均利用小时数为 1364 小时，按目前 1 元的光伏电价计算，预计年产值 1364 万元。根据以往光伏电站的运行经验，仅光伏发电智能化信息系统就可为电站带来 6.71% 以上的系统效率提升。

通过光伏发电智能一体化解决方案的应用，一方面可以有效地进行光伏发电站的日常管理；另一方面，系统效率可大幅度提高，成功地解决大规模光伏电站的各种运维问题，为我国光伏发电站的规模发展提供技术手段。

6.3.2　南方电网引入"智能巡查系统"

电力系统是保证整个电网正常运行的核心存在，所以保证电力系统安全运行是电力行业的首要任务，也是关系到国计民生的大事。通常变电站地处偏远，地理条件恶劣，且站内设备数量繁多，密集程度高。

以前我国变电站的设备巡检主要依靠巡检人员定期进行人工巡检，人工填写纸质表格记录巡检结果，人工将巡检信息输入电脑等。巡检质量由于受气候条件、环境因素、人员素质和责任心等多方面因素的制约无法保证。而且对于大站一次巡检的时间一般需要几小时，很容易造成巡检工作的疏漏，从而引发设备事故。

　　为了解决这些问题，南方电网引入了变电站"智能巡检系统"。智能变电巡检系统是利用移动计算平台定制变电站巡检业务，通过可识别标签辅助设备定位，实现到位监督，从而指导巡检人员执行标准化和规范化的工作流程，并在此基础上对巡检结果和设备缺陷进行统计分析的专业管理系统。

　　该系统由主站系统、PDA、RFID 读写卡和贴在设备上的 RFID 电子标签 4 部分组成。该系统采用了先进、成熟的计算机技术，无线通信和条码识别技术，与变电站规范化巡检相结合，完美解决到位监督，其特点如下。

- 可定制的规范化的巡视路线，巡检项目能满足不同类型的巡检要求。
- 可支持多种站点的巡检业务。
- 巡检业务库设计和项目监督科学合理，有效地提高了巡检工作的质量，确保巡检内容和结果的规范化、标准化和信息化。
- 标准的缺陷库和流程化的管理思路，方便了巡检人员对缺陷的定性和进一步提升缺陷管理水平。

　　该系统界面简单，操作方便，运行稳定、可靠。巡视人员只要随身携带 PDA 按照巡视任务开展巡视工作，通过 RFID 读写卡读取附属在设备上的 RFID 电子标签进行到位确认，按照系统既定的规范化流程进行巡视，便能轻松快捷地完成整个巡检过程，如图 6-22 所示。

图 6-22　PDA 巡视

南方电网依靠该系统实现了对巡视人员工作状态的监控、标准化的巡检，避免了错巡、漏巡的发生，有效地保证了巡检质量。作为企业管理人员，可以方便、清楚地了解每一次巡检的各个环节，具体到巡检中的每一个工作地点的作业时间、每一台设备的检查项目等。此外，智能变电巡检系统还实现了"无纸化巡检"模式，有效地提高了变电站设备的管理水平，进一步确保了电网安全可靠地运行。

专家提醒

　　PDA(Personal Digital Assistant) 又称掌上电脑，功能强大、轻便、小巧、可移动性强，但屏幕较小，且电池续航能力有限。

6.3.3　M2M 技术实现远程管理充电站工作

电动车因为其低碳环保的功能迅速成为全世界日常生活的一部分，它的普及能够真正有效地减少二氧化碳排放及温室效应。但是就目前电动车的电池技术来说，每次电池充电时间长达数小时，且充电后使用时间较短。

为了解决这些问题，各国政府已增加研发经费以促进电动车市场的成长。尤其是对智能充电站的实现，已成为各国政府助推电动车市场发展的重要目标。例如，民众每天通勤经过的停车场就是智能型充电站。

无线机器对机器 (M2M) 充电技术对于大型无人操作电动车充电架构的广泛建置，具有极其重要的意义。其提供简单且有弹性的方式，可将各个充电站连接至充电站控制中心。

M2M 通信能实现远程管理充电站工作。所有的充电站，无论是在餐厅还是家里的单一充电站，或是在停车场或购物商场的大型群组充电站，都必须与控制中心交换重要信息。例如使用者认证、信用卡付费程序、使用数据通信及远程设备监控与管理。甚至，能够侦测盗车等不正常行为，并传送警示或中断服务。

M2M 充电站对于驾驶同样有利，它能够使用本技术快速地找到最近的充电站，经由智能型手机应用程序 (App) 检视充电状态，或在电池充满且车辆随时能上路时收到简讯 (SMS) 通知。

未来新型的加油站对消费者、商家、餐厅及网络内的所有人，都具有共同的利益，而且所有价值链伙伴都能利用 M2M 通信的优势增进其企业发展。借由增加电动充电站，可创造额外的收益流。利用整合的 M2M 通信，能大幅简化后端程序。例如，在充电快结束时，可自动将电表读数送至控制中心，顾客随即能透过在线安全的网络存取，或智能型手机 App 取得消费资料及账单金额。

M2M 化账务操作简易，且可使用多种方式管理。商家可利用 M2M 产生SMS 及本地讯息，提醒顾客特别费率，提供免费、加值充电服务。此外，充电站营运者还可使用由 M2M 产生的精准电表信息，正确地向电力公司追踪及完成付款。

在智能电网中，所有的发电器、太阳能发电厂、风车及其他电力来源，能与电力公司及电能消费者，通过充电站交换消费和产出数据。

当所有端点通过双向通信连接后，整个电网的控制就会更有效率，而且特定区域能够暂时关机或减速，以满足其他电能消费者的需求。电动车可为有弹性的能源消费者带来许多便利，而理想的电动车充电站必能在智慧电网中帮助其实现。

由于无线 M2M 的驱动，让车辆充电站具备即时、简易且具经济效益的全球连接性，无论充电站位于何处，都能为使用者提供福利及完整网络系统功能。

6.3.4　上海港研发的"北斗的集装箱智能物流系统"

有资料显示，全球每年在集装箱失窃的货物价值达 500 亿～ 600 亿美元之多，发生在物流过程中的偷渡、走私乃至恐怖事件的风险更严峻，所以物流跟踪与监控一直备受国际关注。

为了解决这个技术难题，上海港包起帆团队经过 10 年的不懈努力，研制成功基于北斗的集装箱智能物流系统，突破了物流跟踪与监控的世界级难题。

北斗卫星导航系统 (BDS) 是中国正在实施的自主研发、独立运行的全球卫星导航系统，与美国的 GPS、欧盟的伽利略系统、俄罗斯的格洛纳斯兼容共用的全球卫星导航系统，并称全球四大卫星导航系统。它由空间端、地面端和用户端 3 部分组成。

基于北斗的集装箱智能物流系统是一套以系统平台、跟踪与监控终端、手机客户端为基本架构的集装箱智能物流监控系统，只需在被监控的货物上安装一台书本大小的监控终端，再通过智能手机下载一个 App 软件，就可以通过手机操控终端来跟踪与监控货物。货物所在位置、走过的路径轨迹、开关箱门的时间、箱内的温度、湿度和振动等都一目了然。

启用该系统，一旦发生货物箱门被打开或有其他异常，通过北斗定位和通信功能实现星地交互，系统就会立刻报警，犹如为货物装上了"千里眼"和"顺风耳"，突破了以往物流跟踪到了移动通信盲区就"抓瞎"的状况，山区、边远地区、江河、大海也可以被跟踪与监控，如图 6-23 所示。

项目的研究成功为物流带来了前所未有的服务新方式和用户体验。通过多家物流公司、运输公司的实际应用，深受好评。与此同时，该项目把北斗的定位和通信功能集成至市场广阔的物流领域，将拓展北斗系统的产业化规模，进而推动北斗系统的民用化和国际化进程。

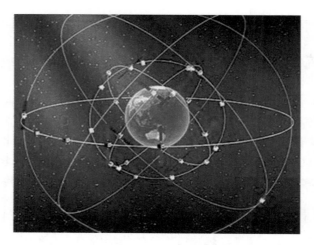

图 6-23　北斗卫星导航系统

6.3.5　铁路调度指挥管理信息系统

铁路运输是物流业发展中重要的运输方式之一，凭借运量大、成本低等特点备受欢迎，铁路调度系统是在全国范围内实现物流管理的基础系统。

在铁道部的管理下，几十万辆车厢、机车均安装了无源 RFID 标签，网络遍布全国，是国内最大的应用系统，通过 RFID 实现集中管理、优化、调度。我国铁路运输调度指挥管理是以行车调度为核心，实行铁道部、铁路局、铁路分局三级调度管理的体制。

铁道部调度指挥管理信息系统（DMIS）是提高运输效率、确保行车安全的重要手段，实施 DMIS 工程建设是铁路行车调度指挥现代化的必然要求。

DMIS 利用无线车次号自动校核系统自动输入、自动校核列车车次号，利用列车占用和出清轨道电路，自动、准确地采集列车到达、出发和通过的时分，自动填写车站，在分局调度所自动生成列车实际运行图和阶段调整计划，并在调度台上实时显示区段内进路排列情况、信号设备的运用情况和所有列车的实际运行情况，具有高度的真实性和实时性。

DMIS 是一个庞大的系统工程，其基层网直接连接各车站和区间的信号设备。为确保行车安全和网路运行安全，DMIS 必须做到自成体系、安全运行，同时要做好与 TMIS 的接口标准和界面分工，要做到资源共享、优势互补。

各铁路局 DMIS 工程按照铁道部的总体目标平衡发展；加强对 DMIS 通信通道的建设和管理，确保满足传输的端口、通道速率、通信质量和冗余手段的需要；加强硬件配置，进一步优化系统，提升档次，车站值班员终端设备必须双机准备，以满足 DMIS 高安全、高稳定、高可靠的要求；要确保网络安全，防止网络瘫痪和中断，防止网络泄密，杜绝网络间的自由互访；编制统一的用户手册和维护管理办法，切实做好对行车调度人员和电务维护人员的技术培训，确保用好、管好设备。

DMIS 不仅把调度员、车站值班员从繁重落后的手工劳动和接听电话中解放出来，还进一步解放并发展了生产力，实现了挖潜提效，向调度指挥要能力、要安全、要效益等。

6.3.6　海尔公司的"一流三网"管理模式

海尔物流在当初的物流重组阶段，整合了集团内分散在 28 个产品事业部的采购、原材料仓储配送、成品仓储配送的职能，并率先提出了 3 个 JIT(Just in Time，即时) 的管理，即 JIT 采购、JIT 原材料配送、JIT 成品分拨物流。

通过它们，海尔物流形成了直接面对市场的、完整的以信息流支撑的物流、商流、资金流的同步流程体系，获得了基于时间的竞争优势，以时间消灭空间，达到以最低的物流总成本向客户提供最大的附加价值服务。

在供应链管理阶段，海尔物流创新性地提出了"一流三网"的管理模式。"一流"是以订单信息流为中心；"三网"分别是全球供应链资源网络、全球配送资源网络和计算机信息网络。"一流三网"可以实现以下目标。

● 　为订单而采购，消灭库存。
● 　双赢，赢得全球供应链网络。
● 　全球供应链资源网的整合使海尔获得了快速满足用户需求的能力。
● 　JIT 速度实现同步流程。
● 　计算机连接新经济。

建立 ERP 系统是海尔实现高度信息化的第一步。在成功实施 ERP 系统的基础上，海尔建立了 SRM(招标、供应商关系管理)、B2B(订单互动、库存协调)、扫描系统 (收发货、投入产出、仓库管理、电子标签)、定价支持 (定价方案的审批)、模具生命周期管理、新品网上流转 (新品开发各个环节的控制) 等信息系统，并使之与 ERP 系统连接起来。这样，用户的信息便可同步转化为企业内部的信息，实现以信息替代库存、零资金占用的效益。

海尔目前在全球有 10 个工业园、30 个海外工厂及制造基地。这些工厂的采购全部通过统一的采购平台进行，全球资源统一管理、统一配置，一方面实现了采购资源最大的共享；另一方面，全球工厂的规模优势增强了海尔采购的成本优势。

海尔通过整合全球化的采购资源，建立起双赢的供应链，多产业的积聚促成一条完整的家电产业链，极大地提高了核心竞争力。建立起强大的全球供应链网络，使海尔的供应商由原来的 2200 多家优化至不到 800 家。目前世界五百强企业中有 1/5 已成为海尔的合作伙伴。全球供应链资源网的整合使海尔获得了快速满足用户需求的能力。

在海尔的流程再造中，建立现代物流体系是其关键工程。重整物流，就要以时间消灭空间，用速度时间消灭库存空间，海尔的物流中心不是为了仓储而存在，而是为了配送而暂存的。

通过其 BBP(Business Blue Print，业务蓝图) 交易平台，每月接到 6000多个销售订单，定制产品品种逾 7000 个，采购的物料品种达 15 万种。通过整合物流，降低呆滞物资 73.8%，库存占压资金减少 67%。通过与 SAP 公司的合作，海尔成为国内首家达到世界领先水平的物流中心。海尔物流中心货区面积只有 7000 多平方米，但其吞吐量却相当于普通仓库的 30 万平方米。

SAP 主要帮助海尔完善其物流体系，即利用 SAP 物流管理系统搭建一个面对供应商的 BBP 采购平台。它有降低采购成本、优化供应链等优点，为海尔创造了新的利润源泉。

第 7 章
交通、医疗的应用与案例

学前提示

　　物联网为交通、医疗方面的迅速发展带来了机遇，智能交通与智能医疗开始出现。智能交通能够优化人们的出行体验，并且提高安全性；而智能医疗不仅可以实现医疗设备的智能操控，还能加强患者与医疗人员之间的互动。

7.1　先行了解：智能交通、智能医疗概况

交通运输业是指国民经济中专门从事运送货物和旅客的社会生产部门，包括铁路、公路、水运、航空、管道等运输部门。随着社会的进步、人们生活水平的提高，随之而来的交通问题也越来越多。例如，交通拥堵、交通安全事故频发、城市居民乘车出行不便等，为了解决这些问题，加快智能交通的建设步伐刻不容缓。

医疗行业也是我国国民经济的重要组成部分，它对于保护和增进人民健康、提高生活质量，为计划生育、救灾防疫、军需战备以及促进经济发展和社会进步均具有十分重要的作用。现今，世界各国也在不断地加快智能医疗的建设。

7.1.1　认识智能交通与智能医疗的概念

下面我们来认识一下智能交通和智能医疗的概念。

1．智能交通的概念

智能交通是一个基于现代电子信息技术面向交通运输的服务系统。它以信息的收集、处理、发布、交换、分析、利用为主线，为交通参与者提供多样性的服务。

智能交通系统（Intelligent Transportation System，ITS）是将先进的信息技术、数据通信传输技术、电子传感技术、控制技术等有效地集成运用于整个地面交通管理系统而建立的一种在大范围内、全方位发挥作用的，实时、准确、高效的综合交通运输管理系统。

在该系统中，车辆可以自行在道路上行驶，智能化的公路能够靠自身将交通流量调整至最佳状态。借助于这个系统，管理人员对道路、车辆的行踪将掌握得清清楚楚，如图7-1所示。

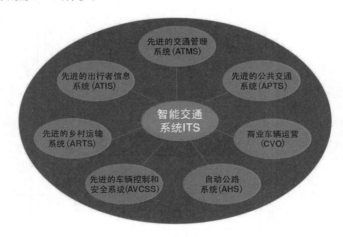

图7-1　智能交通系统

众所周知，交通安全、交通堵塞及环境污染是困扰当今国际交通领域的 3 大难题，尤其以交通安全问题最为严重。

智能交通通过各种物联网技术的有效集成和应用，使车、路、人之间的相互作用关系以新的方式呈现，从而实现实时、准确、高效、安全、节能的目标。相关数据显示，采用智能交通技术提高道路管理水平后，每年仅交通事故死亡人数就可减少 30% 以上，交通工具的使用效率高达 50% 以上。

所以，世界各发达国家都在智能交通技术研究方面投入了大量的资金和人力，很多发达国家已从对该系统的研究与测试转入全面部署阶段。智能交通系统将是 21 世纪交通发展的主流。

2．智能医疗的概念

智能医疗是物联网的重要研究领域，也是最近兴起的专有医疗名词，通过打造健康档案区域医疗信息平台，利用传感器等物联网技术，实现患者与医务人员、医疗机构、医疗设备之间的互动，逐步实现信息化。

未来的智能医疗将会融入更多的人工智能、传感器技术等高科技技术。在基于健康档案区域卫生信息平台的支撑下，医疗服务将会走向真正意义的智能化，从而推动医疗事业的繁荣发展，在中国新医改的大背景下，智能医疗正在走进寻常百姓的生活中，如图 7-2 所示。

图 7-2　智能医疗

目前国内医疗成本高、渠道少、公共医疗管理系统不完善、覆盖面窄等问题困扰着大众，智能医疗的建设能从根本上解决"看病难、看病贵"等问题，真正做到"人人健康，健康人人"。

大医院人满为患，社区医院无人问津，病人就诊手续烦琐等问题都是由于医疗信息不畅、医疗资源两极化、医疗监督机制不健全等原因导致的。这些问题已经成为影响社会和谐发展的重要因素。

所以，建立一套智能的医疗信息网络平台体系刻不容缓。建立这样的平台能够使患者只用较短的等待治疗时间、支付基本的医疗费用，就可以享受安全、优质、便利的诊疗服务。智能医疗不仅可以有效地大幅度提高医疗质量，还可以有效地阻止医疗费用的攀升。

在不同的医疗机构间建起医疗信息整合平台，将医院之间的业务流程进行整合，医疗信息和资源可以共享和交换，跨医疗机构也可以进行在线预约和双向转诊。这将使得"小病在社区，大病进医院，康复回社区"的居民就诊就医模式成为现实，从而大幅提升医疗资源的合理化分配，真正做到以病人为中心。

以物联网为技术基础的现代医疗系统建设，其基本原理就是对医院内各种对象的感知、定位与控制，通过对医院工作人员、病人、车辆、医疗器械、基础设施等资源进行信息化改造，综合运用物联网技术，对医院内需要感知的对象加以标识，并通过标签读写器、智能终端设备、手持接收终端、无线感应器等信息识别设备将上述标识的识别信息，以无线网络的方式反馈至信息处理中心，在处理中心加工处理融合后，传输至医疗指挥中心，指挥中心继而对获取的信息综合分析，及时处理，从而使医院管理部门掌握感知对象的形态，进而为作出正确决策打下基础，如图7-3所示。

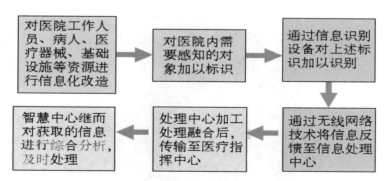

图7-3　医疗系统流程图

"十二五"规划中提出将物联网计划应用于医疗卫生系统中，这能够帮助医院实时监控病人的健康。例如，在病人体内植入芯片，随时监护病人的各项指标，给出警示和建议。而且还可以有效地管理整个医院的运营，对医院人员、设备、后勤供给、来往车辆和安全保障实行智能化、人性化管理。这不仅有效地节约了社会资源，而且也大大提高了医疗卫生系统的运转速度。

经过长期的发展，现阶段我国已有很多家医院建立了监控系统，配备和研发了各种信息系统，使得医院的可视化管理和信息化建设取得了显著的进步。但鉴于目前医院的现代化发展水平较低，监控的感知手段较为单一，智能化管理仍存在不少死角，造成了社会资源的浪费，同时各种信息系统尚存在兼容问题。

因此，我国物联网智慧医疗系统的建立还有很长的路要走，这需要全社会各阶层的共同努力。

7.1.2　了解智能交通与智能医疗的特点

交通行业和医疗行业通过运用物联网实现智能化后，会拥有传统交通和传统医疗不具备的特点。

1. 智能交通的特点

智能交通系统具有两大特点：一是交通信息的广泛应用与服务，二是优化现有交通设施的运行效率。

智能交通主要有以下特点。

（1）跨行业：智能交通系统建设涉及众多行业领域，是社会广泛参与的复杂巨型系统工程，需要协调的问题众多。

（2）技术领域：智能交通系统综合了交通工程、信息工程、控制工程等众多科学领域的成果，需要众多领域的技术人员共同协作。通过这些技术，智能交通系统可实现环保、可视、便捷等功能，如表 7-1 所示。

表 7-1　智能交通系统可实现的功能

功　能	简　介
环保	大幅度降低碳排放量、能源消耗和污染物排放，提高生活质量
可视	将公共交通车辆和私家车整合到一个数据库，提供单个网络状态视图
便捷	通过移动通信提供最佳路线信息和一次性支付各种方式的交通费用，增强了旅客体验，而且还可以检测危险并及时通知相关部门
高效	实时进行跨网络交通数据分析和预测，可避免不必要的麻烦，而且还可最大化交通流量
可预测	持续进行数据分析和建模，改善交通流量和基础设施规划

（3）安全可靠：智能交通系统主要由移动通信、宽带网、RFID、传感器、云计算等新一代信息技术作支撑，更符合人的应用需求，可信任程度大幅度提高，并变得"无处不在"。

（4）各方大力支持：政府、企业、科研单位及高等院校共同参与，恰当的角色定位和任务分担是系统有效展开的重要前提条件。

现在智能交通市场开发出来的产品几乎都有 GPS 车载导航仪器、交通信息采集系统、GPS 导航手机、人工输入等功能。

智能交通的使用性强且价格实惠，可以在很多城市中的交通方面起到很大的作用。它通过人、车、路的密切配合提高交通运输效率，缓解交通阻塞，减少交通事故，提高路网通行能力，降低能源消耗并减轻环境污染。

2．智能医疗的特点

智能医疗的管理要求整个医疗过程具有严谨性，而物联网恰好能够实现将整个医疗过程贯彻到全对象、全功能、全空间、全过程管理。它主要具有以下特点。

（1）经济互联："看病贵"一直以来都成为人们特别是那些无力负担高昂医药费的人的心病，但是医疗实现智能化以后，医生可通过电子处方系统了解病人的医药费负担，从而决定是否选择比较便宜的药品。

患者也可以通过医保系统对自己的财务负担有一个明确的预计，然后决定是否要选择一些比较贵的新药、特效药等。

（2）协作可靠：建立公共的医疗信息数据库，便能构建一个综合的专业的医疗网络。信息仓库会变成可分享的记录，整合并共享医疗信息和记录，使从业医生能够搜索、分析和引用大量科学证据来支持他们的诊断。

除此之外，患者还可以通过手持终端实时地监测自身的各项身体指标，当某项指标超标时，终端可激活无线网络，第一时间将数据传输至电子信息档案库。如图 7-4 所示，为智能医疗系统界面。

图 7-4　智能医疗系统界面

同时，经授权的医生能够随时查阅病人的病历、治疗措施和保险细则，根据电子档案，确定具体的医疗措施，当然，患者也可以自主选择更换医生或医院。

（3）普及预防：智能医疗支持社区医院和乡镇医院无缝地连接到中心医院，以便可以实时地获取专家的建议、安排转诊和接受培训。

从大的方面来讲，智能医疗能实时感知、处理和分析重大的医疗事件，从而快速、有效地作出响应。

从个人来讲，智能医疗能实时感知每个人的身体指标，对数据库总的医疗数据进行处理分析，能及时了解到新药物对使用者的一系列影响，以及使用新药物后，使用者的人体指标发展趋势，制定相应的应急方案。

7.2 全面分析：物联网应用于交通与医疗领域

智能交通和智能医疗都是智慧城市的重要构成要素，是解决交通问题和医疗问题的最佳方法。

7.2.1 物联网在智能交通中的应用

现阶段，物联网在智能交通领域已经逐渐开始应用，那物联网技术在智能交通中的应用又有哪些呢？具体如图7-5所示。

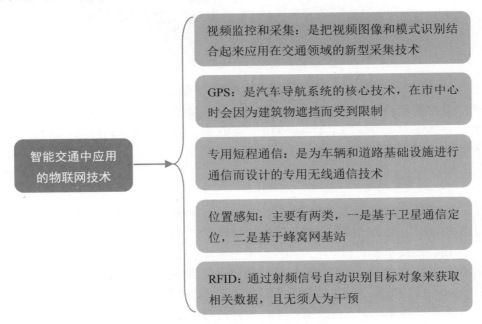

智能交通中应用的物联网技术

视频监控和采集：是把视频图像和模式识别结合起来应用在交通领域的新型采集技术

GPS：是汽车导航系统的核心技术，在市中心时会因为建筑物遮挡而受到限制

专用短程通信：是为车辆和道路基础设施进行通信而设计的专用无线通信技术

位置感知：主要有两类，一是基于卫星通信定位，二是基于蜂窝网基站

RFID：通过射频信号自动识别目标对象来获取相关数据，且无须人为干预

图7-5 智能交通中应用的物联网技术

介绍完智能交通中应用的物联网技术，接下来笔者就来具体介绍物联网在智能交通中的应用场景。

1. 智能公交车

前面笔者介绍过智能公交系统，其实智能公交车就是基于智能公交系统上的，是建设智慧城市的一部分。智能公交利用射频识别、传感等技术，实时掌握公交车的位置，实现弯道和路线提醒等功能。此外，还能利用智能调度系统，对车辆和路线进行规划调整，实现智能排班。如图 7-6 所示，为智能公交车。

图 7-6　智能公交车

虽然智能公交车有着诸多优点，但由于信息资源分散和系统协同能力差等问题，所以智能公交车还不能充分发挥它的优势，我们应该从打破信息孤岛着手，利用物联网、大数据等技术，优化资源调配。

2. 共享单车

共享单车兴起于 2014 年，是"共享经济"商业模式下的产物，它是一种分时租赁模式，也是一种新型绿色环保的共享经济。如图 7-7 所示，为共享单车。

物联网技术在共享单车方面的应用主要体现在智能锁，通过在智能锁中安装定位和蓝牙模块等，精准地定位每一辆自行车，并实时了解车辆运行状态。因为 NB-IoT 传输数据的延时较高，所以目前还是以 GPS 传输为主。

未来共享单车发展的关键在于，怎样对用户数据进行分析，以实现周围商家精准推荐等服务。

3. 车联网

车联网指的是车载设备通过无线通信技术来有效地利用信息网络平台中所有车辆的动态信息，从而在车辆运行过程中提供不同的功能服务。车联网主要有以下两大作用，如图 7-8 所示。

图 7-7　共享单车

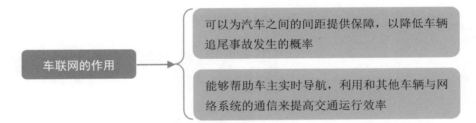

图 7-8　车联网的作用

车联网由 4 大系统组成，如图 7-9 所示。

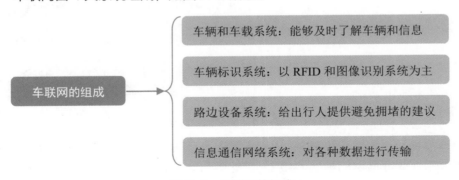

图 7-9　车联网的组成

如图 7-10 所示，为车联网全景图。

车联网不仅是实现自动驾驶和无人驾驶的关键，更是未来 ITS 的核心。车联网的应用主要集中在 4 个方面，如图 7-11 所示。

图 7-10　车联网全景图

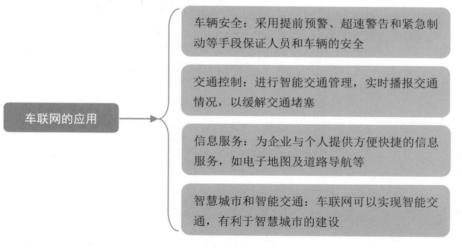

图 7-11　车联网的应用

　　车联网可以将汽车和道路、人和车等进行互联，实现汽车和外界的完全互联。物联网技术是车联网的基础，利用先进的传感器来监控车辆设备、远程诊断车辆，提供车载信息服务和紧急救援等。

　　目前，我国车联网的发展瓶颈主要有以下 3 个方面，如图 7-12 所示。

　　在未来，怎样实现联网汽车的自动驾驶，以及车辆各系统协同发展，是车联网发展的重要方向。

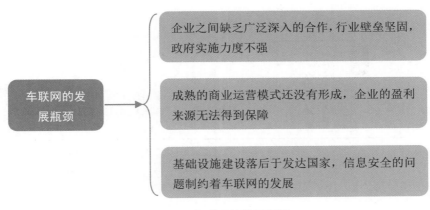

图 7-12　车联网的发展瓶颈

4. 充电桩

笔者在前面介绍电动汽车的时候提到过电动汽车充电桩，充电桩能够根据不同的电压等级为不同的电动汽车充电。如图 7-13 所示为充电桩。

图 7-13　充电桩

通过物联网技术可以定位充电桩、控制充放电和监测充电桩的状态等，充电桩的发展是因电动汽车的普及而兴起的。因此，怎样提高充电桩的充电速度非常关键。

5. 智能红绿灯

智能红绿灯是利用物联网技术监测周围的人群和车辆，然后根据实际情况改变红灯和绿灯的等待时间，以缓解交通路口堵车的问题，如图 7-14 所示。

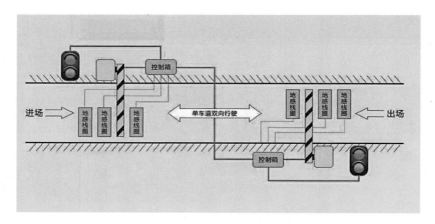

图7-14　智能红绿灯

虽然智能红绿灯能提高交通道路的承载力，但是依然无法完全解决交通堵塞问题，而且成本也不低，未来智能交通的发展应该从提高系统协同能力、加大政府投入等方面着手。

6. 汽车电子标识

汽车电子标识简称ERI（electronic registration identification of the motor vehicle），又叫汽车电子身份证，俗称"电子车牌"。通过在车牌上安装RFID标签，自动识别和监控车辆，把采集到的信息和交管系统进行连接，从而监管车辆和解决交通肇事逃逸等问题。

如图7-15所示，为汽车电子标识使用过程。

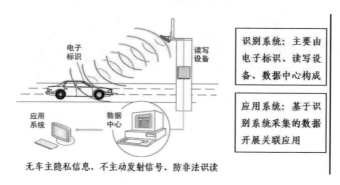

图7-15　汽车电子标识使用过程

7. 智慧停车

笔者在前面介绍过智能停车场，而智能停车场就是智慧停车发展的产物，是为了解决停车资源有限、停车效率低等问题而发展起来的新领域，即利用物联网技术，安装地磁感应和摄像头等装置实现车牌识别、车位查找和预订，以及使用 App 自动支付等功能。如图 7-16 所示，为智能停车管理系统。

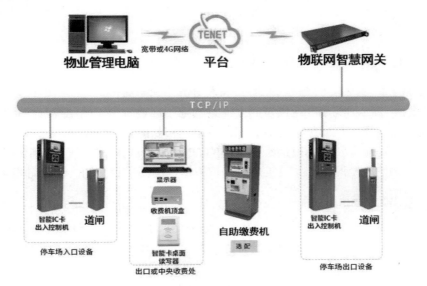

图 7-16　智能停车管理系统

8．高速无感收费

高速无感收费利用摄像头识别车牌信息，把车牌和支付宝或微信进行绑定，按照行驶的里程自动收取费用，即实现无感收费，这样能够提高车辆通行效率，缩短其他汽车排队等待的时间。如图 7-17 所示，为高速无感收费。

图 7-17　高速无感收费

目前来说，高速无感收费在我国还处于试点阶段，只有部分城市的高速公路开通了这个功能，但未来其应用范围将会继续扩大。

7.2.2　物联网在智能医疗中的应用

物联网技术对完善医疗服务起到了重要的作用，接下来笔者就来讲解物联网在智能医疗领域的应用，主要有以下几个方面。

1．病人身份匹配与监护管理系统

利用物联网技术可以有效地增强病人身份匹配与监护管理系统的效果，病人身份匹配系统的功能主要是通过病人佩戴的电子标签腕带，使用物联网系统检索病人的身份信息，从而更好地对病人进行管理和监护。

另外，电子标签还具有远距离识别的功能，如果病人的电子标签腕带不慎掉落，就会将信息及时上传到监控站，当病人擅自离开护理区时，就会触发警报。

2．血液管理系统

血液是病毒传播的载体之一，因此预防血液感染对于医疗领域来说非常重要。在医疗领域，应用物联网技术可以加强血液管理，通过 RFID 技术来实现信息的实时交互与处理，能够全面监控和管理采血的过程，让血液保护的工作透明化，以达到预防血液感染的目的。

3．移动医疗

移动医疗是一种新型的医疗系统，通过移动医疗可以和病人进行一对一的在线交流。移动医疗系统能够为病人提供远程协助，也可以对其进行实时监控。而且病人和医生的对话过程会自动输入到物联网系统中，为后续治疗提供参考。如图 7-18 所示，为移动医疗。

图 7-18　移动医疗

4. 医疗器械和药品的监控管理

利用 RFID 技术，能够对医疗器械和药品进行监控管理，实现药品和设备的追踪以及全方位地实时监控，解决医疗安全问题，降低医疗管理成本。

射频识别技术在药品和设备的追踪监控和规范医药用品市场中起到了重要的作用，物联网在医疗物资管理中的应用主要有以下 3 个方面，如图 7-19 所示。

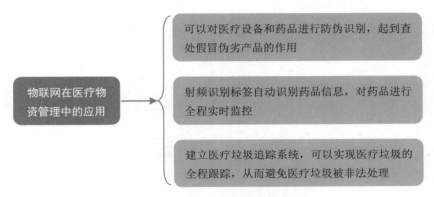

图 7-19　物联网在医疗物资管理中的应用

5. 医疗信息管理

物联网在医疗信息管理中的应用有以下几个方面，如图 7-20 所示。

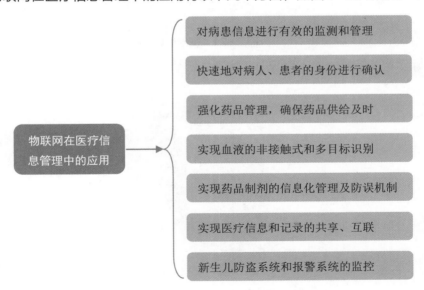

图 7-20　物联网在医疗信息管理中的应用

6．远程医疗监护

远程医疗监护是通过物联网技术，建立基于危急重病患者的远程会诊和持续监护服务体系，以减少医院的医疗资源压力。物联网在远程医疗监护的应用有很多，如借助 RFID 传感器系统，提高老人的生活自理能力；利用智能轮椅，方便病人的移动和行走，如图 7-21 所示。

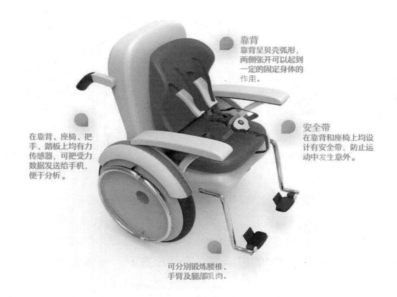

靠背
靠背呈贝壳弧形，两侧张开可以起到一定的固定身体的作用。

安全带
在靠背和座椅上均设计有安全带，防止运动中发生意外。

在靠背、座椅、把手、踏板上均有力传感器，可把受力数据发送给手机，便于分析。

可分别锻炼腰椎、手臂及腿部肌肉。

图 7-21　智能轮椅

除了智能轮椅外，还有 RFID 腕带，如图 7-22 所示。

图 7-22　RFID 腕带

　　RFID 腕带其实就是笔者前面提到的电子标签腕带，它可以自动获取病人的相关信息，而且还能够加密，保证了病人身份信息的唯一性和安全性。另外，腕带的定位功能可以防止病人私自外出。

　　病人也可以通过 RFID 腕带在制定的读写器上查询医疗费用的消费情况，并自行打印消费单，还可以查看医保政策、医疗方案和药品信息等内容，这样就大大提高了医院的医疗服务水平和质量。

　　物联网技术的应用，使医疗服务更加人性化和智能化，避免了医疗安全隐患，推动了智能医疗的发展。

7.3　案例介绍：智能交通、智能医疗的典型表现

　　建设智能交通的目的是使人、车、路密切配合达到和谐统一，发挥协同效应。这样便能大幅度地保障交通安全、提高交通运输效率、改善交通运输环境以及提高能源利用效率。发展智慧交通是政务智能化、交通信息化的发展趋势。

　　而智能医疗建设的目的则是构建完整的"电子医疗"体系，实现远程医疗和自助医疗，降低公众医疗成本。智能医疗体系可以在服务成本、质量和实时性方面取得良好的平衡。

7.3.1　"电子警察"的智能应用

　　"电子警察"通常是由图像检测、拍摄、采集、处理、传输与管理，以及辅助光源、辅助支架和相关配套设备等几个部分组成，如图 7-23 所示。

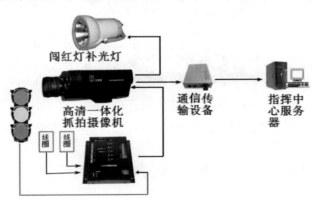

图 7-23　"电子警察"系统

　　"电子警察"包含了现代化的先进技术，包括视频检测技术、计算机技术、现代控制技术、通信技术、计算机网络和数据库技术等。

　　目前，为缓解交通拥堵和交通事故频发等道路交通中的难题，"电子警察"

系统已经应用到了我国各大城市，为城市交通的畅通发挥了不可忽视的作用。陕西省某市就应用了"闯红灯电子警察系统"来解决交通中存在的车辆流动性大、路面状况差、违章行为等问题。

"闯红灯电子警察系统"采用无人值守的方式，实现对违章车辆的全景及车牌特写记录，为最终实现城市交通规范的正常化、标准化打下了良好的基础。其具体功能如下。

（1）利用动态视频检测触发技术，能够对闯了红灯的车辆进行抓拍和车牌识别，准确地记录并存储违章车辆的违章时间、地点、行驶方向、红灯时间长度、闯过停车线的红灯时刻和违章车牌图片等信息。

（2）指挥中心对抓拍的违章车辆的车牌号牌自动生成违章号牌库，以供违章处理操作员进一步确认和处理。

（3）抓拍的车辆违章图片能完整清晰地记录下违章车辆的车型、车身颜色、牌照号码等信息，如图7-24所示。

图7-24　闯红灯电子警察系统

（4）夜间，"电子警察"采用LED补光灯作为抓拍的辅助光源，仍旧能够抓拍到清晰的车牌号码。

（5）在有通信的条件下，采用软硬件相结合的方式，能自动监控系统的正常工作。同时采用定时报告和紧急报告两种方式，向远端指挥中心报告情况，可使指挥中心的值班人员快速有效地监控系统正常运行。

电子警察对事故的捕捉迅速、判断准确，在恶劣环境下仍能正常工作，在维护良好交通秩序、规范行车安全、增强安全驾驶意识、杜绝闯红灯现象和打击违法犯罪行为等方面具有重要的意义。

7.3.2 不停车收费系统的不断推进

全自动电子收费系统 (Electronic Toll Collection,ETC),又称不停车收费系统。ETC 不停车收费系统是目前世界上最先进的路桥收费系统,通过安装在车辆挡风玻璃上的车载电子标签以及收费站 ETC 车道上的微波天线之间的微波专用短程通信,利用计算机联网技术与银行进行后台结算处理,从而达到车辆通过路桥收费站不需停车就能缴纳路桥费的目的,如图 7-25 所示。

图 7-25 ETC 不停车收费系统

ETC 是智能交通系统的主要应用对象之一,也是解决公路收费站拥堵和节能减排的重要手段,是当前国际上大力开发并重点推广普及用于公路、隧道、桥梁、停车场等方面的电子自动收费系统。

为此它需要在收费点安装路边设备 (RSU),在行驶车辆上安装车载设备 (OBU),采用 DSRC 技术完成 RSU 与 OBU 之间的通信,如图 7-26 所示。

图 7-26 ETC 设备

专家提醒

　　路侧控制单元 (Road Side Unit，RSU)；车载单元 (On Board Unit，OBU) 也称为车载电子标签；数据处理单元 (Processing Data Unit，PDU)。

　　由于通行能力得到大幅度的提高，所以可以缩小收费站的规模，节约基建费用和管理费用，同时也可以降低收费口的噪声水平和减少废气排放。另外，不停车收费系统对于城市来说，不仅是一项先进的收费技术，它还是一种通过经济杠杆进行交通流调节的切实有效的交通管理手段。对于交通繁忙的大桥、隧道，ETC 不停车收费系统可以避免月票制度和人工收费的众多弱点，有效地提高这些市政设施的资金回收能力。

7.3.3　Sensus 智能车载交互系统

　　车辆是构成交通的基本因素，在智能交通系统中，物联网技术使得车辆也具备了"智能"个性。沃尔沃汽车在中国发布的 Sensus 创新科技子品牌以及相应的智能车载交互系统，引领着汽车与移动互联网融合的科技和产业大趋势。

　　Sensus 将安全作为创新的基本原则，以大数据积累和用户体验为核心优势，以开放融合为发展思维，提供包括娱乐、导航、服务、互联、控制在内的车载互联功能，为用户带来安全、便捷、智能、高效的车内外互联体验，如图 7-27 所示。

图 7-27　Sensus 提供的功能

互联时代,开放与融合成为布局智能交通的关键。以 Sensus 为平台,沃尔沃汽车现阶段已联合百度、联通、爱立信、高德、豆瓣、博泰等多家科技企业,构建了一套完整的基于互联网、车联网、物联网和大数据的独树一帜的智能化汽车生态系统,实现了概念与功能的对接。

例如,Volvo On Call 随车管家是一项车载智能多功能服务系统,采用了开创性的手机应用程序,使客户能够与他们的沃尔沃车辆随时保持联系,如图 7-28 所示。

图 7-28 Volvo On Call

Volvo On Call 随车管家服务提供挽救生命的紧急救援和安保方面的服务。除此以外,还涵盖了道路救援、紧急救援、防盗警报以及被盗车辆定位等服务。在未来,沃尔沃将以 Sensus 作为开启未来互联世界的窗口,借助云技术以及自动驾驶等科技优势,构建智能化汽车生态系统和安全、幸福的未来生活新秩序。

对于未来智能生活,沃尔沃基于消费者需求构思出多种体现车联网和物联网概念的新兴商业模式。例如,Sensus 的设计内涵有 3 个方面,即菜单设置一目了然;信息命令下达顺畅而便捷;配合方向盘上的功能快捷键和集成式语音控制,驾驶者可以在手不离开方向盘的情况下,实现主要功能的应用。

沃尔沃是少数使用"云技术"提供实时在线应用及服务的汽车厂商之一。借助爱立信的全面通信解决方案及专业服务,Sensus 能够带来优质的云服务体验,例如实现所有车载应用与信息的实时同步更新。

沃尔沃汽车与苹果 Car Play 和谷歌 Android Auto 达成合作,沃尔沃车主可通过 Sensus 与当前两大智能手机平台进行互联和互通,如图 7-29 所示。

图 7-29 Volvo 互联操作

7.3.4 无人驾驶车辆与旅客自动输送系统

无人驾驶车辆通过一系列复杂的传感器来完成驾驶过程。在无人驾驶车辆主导的智能交通系统中，十字路口都会安装各种感应器、摄像头和雷达系统等，可以实时监控、控制交通流量，从而避免撞车，并且使路面交通运输流更加高效。

广州的全地下的旅客自动输送(APM)系统是一种无人自动驾驶、立体交叉的大众运输系统，在首都机场航站楼之间已有应用，如图 7-30 所示。

图 7-30 无人驾驶公交

APM 车辆的车身像地铁列车，一般车体较宽，内设座位较少，大部分空间供乘客站立，每辆车大约可运载乘客 280 人，车厢超大玻璃使视野非常开阔，且不会给地面交通带来负荷，可解决当代城市人们的出行问题。

如图 7-31 所示，为英国伦敦希斯罗机场在外围停车场和航站楼间启用的无人驾驶运输线路 ULTra PRT。

ULTra PRT 的搭乘车与普通汽车大小差不多，每部车子可乘坐 4 人，电力驱动的 ULTra PRT 从停车场至航站楼只需要 5 分钟。希斯罗机场的运营公司 BAA 表示，未来提前实现的 ULTra PRT 节省了乘客 60% 的时间和 40% 的运营成本。

图 7-31　ULTra PRT 运输线

无人驾驶公交系统是未来智能交通中的一大重要因素，美国的一份报告预测，到 2040 年，全球上路的汽车总量中，75% 将会是无人驾驶汽车。

7.3.5　kernel 智能项链监测健康状态

"kernel"的智能设备是缤刻普瑞公司推出的，"kernel"外观像是一条项链，戴在脖子上，白天可以监测人们的运动类型和运动量，晚上可以监测人们的睡眠状态。

与"kernel"配套的是一款蓝牙秤，人们使用这款设备，能够测量出大臂、小臂、大腿、小腿、腹部、臀部等身体多个部位的脂肪率，胳膊和腿的数据还能分左右显示。测量出来的数据会通过蓝牙的方式发送到用户的手机上。

再加上一款专门设计的手机 App 应用软件，就形成了一套完整的智能医疗系统："kernel"和蓝牙秤测量的数据汇总到手机 App 中，手机 App 进行计算后，为人们提供个性化的健康建议，比如增加什么类型的运动、运动量是多少。

7.3.6　HRP 系统整合医院前台业务与后台管理

HRP(Hospital Resource Planning) 即医院资源计划，是一套融合了现代化管理理念和流程，整合了医院已有的信息资源，支持医院整体运营管理的统一高效、互联互通、信息共享的系统化医院资源管理平台。

北京大学人民医院将企业的科学经营管理模式引入医院管理中，全面实施 HRP，整合医院的前台医疗业务和后台运营管理。经过多年的努力，目前已经实现了医院前台、后台业务一体化，对全院住院、财务、物资、药品、高值耗材、体外诊断试剂等实施了全流程、全方位、信息化的管理，为公立医院改革实现从传统管理到现代管理、从经验性管理到专业化管理、从粗放型管理到精细化管理、从随意性管理到规范化管理的转变进行了研究与实践。

医院 HRP 是医院信息化建设的核心，HRP 体系最终可为医院打造集资金流、物流、业务流、信息流为一体的管理系统。

医院 HRP 信息系统是由医疗信息系统作为数据支持，其包括 8 个子系统，即全面预算管理系统、财务会计核算系统、医院全成本核算系统、资产管理系统、物流供应链系统、人力资源系统、经营分析系统、OA 系统。

7.3.7 智能胶囊消化道内镜系统

医疗设备今后的发展方向有 4 个特点，分别是微创（使设备对人体的损伤尽可能小）、智能化、一次性使用、高精度（测试结果越准确，医生越容易确诊）。

而胶囊内镜完全符合以上特点，是医疗设备未来的发展方向。胶囊内镜全称为"智能胶囊消化道内镜系统"，又称"医用无线内镜"。

受检者通过口服内置摄像与信号传输装置的智能胶囊，借助消化道蠕动使之在消化道内运动并拍摄图像。医生利用体外的图像记录仪和影像工作站，了解受检者的整个消化道情况，从而对其病情作出诊断。如图 7-32 所示，为胶囊内镜产品。

图 7-32　胶囊内镜产品

患者将智能胶囊吞下后，它就会随着胃肠肌肉的运动节奏沿着胃→十二指肠→空肠与回肠→结肠→直肠的方向运行，同时对经过的腔段连续摄像，并以数字信号传输图像到病人体外携带的图像记录仪进行存储记录。其工作时间达 6～8 小时，智能胶囊在吞服 8～72 小时后就会随粪便排出体外。

胶囊内镜具有安全卫生、操作简便、无痛舒适等众多优点，全小肠段真彩色图像拍摄，清晰微观，突破了小肠检查的盲区，扩展了消化道检查的视野，克服了传统的插入式内镜所具有的耐受性差、不适用于年老体弱和病情危重等缺陷，大大地提高了消化道疾病的诊断检出率。

第8章

环保、安防的应用与案例

学前提示

物联网技术的飞速发展为环保与安防方面的智能化提供了可能。人们生产生活中的智能安防随处可见，比如视频监控、各种防盗系统等；而智能环保更是应用得非常广泛，如大气监测、水质监测等，人们的生活逐渐走向智能化道路。

8.1　先行了解：智能环保、智能安防概况

环境保护是指人类为了解决现实或潜在的环境问题，为了协调人类与环境的关系，保障经济社会的可持续发展而采取的各种行动的总称。而安防的实质就是做好准备和保护，以应付攻击或者避免受害，从而使被保护对象处于没有危险、不受侵害、不出现事故的安全状态，即通过防范的手段达到或实现安全的目的。随着"智慧地球"概念的普及，智能环保业与智能安防业应运而生。

8.1.1　认识智能环保与智能安防的概念

首先，我们分别认识一下智能环保与智能安防究竟是什么。

1. 智能环保的概念

"智能环保"是"数字环保"概念的延伸和拓展。它是借助物联网技术，把感应器和装备嵌入到各种环境监控对象中，通过超级计算机和云计算将环保领域的物联网整合起来，可以实现人类社会与环境业务系统的整合，以更加精细和动态的方式实现环境管理和决策。

在科技高速发展的当代，结合物联网技术实施环境保护是刻不容缓的事情，智能环保充分利用物联网等新一代信息技术，构建环境与社会全面互联的智能型环保感知网络，实现环境监测监控的现代化和智能化，达到"测得准、算得清、传得快、管得好"的智慧环保总体目标，如图8-1所示。

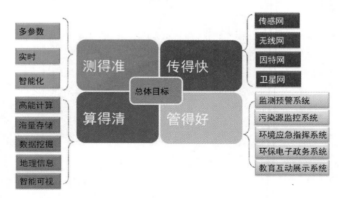

图8-1　智能环保的总体目标

环境保护的主要对象包括自然环境、地球生物、人类环境、生态环境。它是由于生产发展导致的环境污染问题过于严重而产生的，利用国家法律法规约束和舆论宣传而逐步引起全社会的重视，由发达国家到发展中国家兴起的一个保卫生态环境和有效处理污染问题的措施。如图8-2所示，为环境保护宣传画。

图 8-2　环境保护宣传画

城市环保产业是当今世界的朝阳产业。自 20 世纪 90 年代以来，世界各国越来越重视环境问题，大力推广清洁生产技术，环保产品和服务的市场规模越来越大。自 20 世纪 70 年代开始，经过几十年的发展，中国的环保产业已初具规模。环境保护的主要内容如表 8-1 所示。

表 8-1　环境保护的主要内容

主要内容	简　介
自然保护	包括对珍稀物种及其生活环境、地质现象、特殊的自然发展史遗迹、地貌景观等提供有效的保护。另外，控制水土流失和沙漠化、城乡规划、植树造林、控制人口的增长和分布、合理配置生产力等，也都属于环境保护的内容
防止污染	包括防治工业生产排放的"三废"（废水、废气、废渣）、粉尘、放射性物质以及产生的噪声、振动、恶臭和电磁微波辐射；交通运输活动产生的有害气体、液体、噪声，海上船舶运输排出的污染物；工农业生产和人民生活使用的有毒有害化学品；城镇生活排放的烟尘、污水和垃圾等造成的污染等
防止破坏	包括防止由大型水利工程、公路干线、铁路、大型港口码头、机场和大型工业项目等工程建设对环境造成的污染和破坏；农垦和围湖造田活动、海上油田开发、海岸带和沼泽地的开发、森林和矿产资源的开发对环境的破坏和影响；新工业区、新城镇的设置和建设等对环境的破坏、污染和影响

环境保护已成为当今世界各国政府和人民的共同行动和主要任务之一。我国也加大了对电力、化工、钢铁、轻工等重污染行业的治理力度，加强了对城镇污

水、垃圾和危险废弃物集中处置等环境保护基础设施的建设投资，已经从初期的以"三废治理"为主，发展为包括环保产品、废物循环利用、环境服务，跨行业、跨地区，产业门类基本齐全的产业体系。如图 8-3 所示，为盐城环保产业园。

图 8-3　盐城环保产业园

未来中国环保产业结构将进一步调整，资源节约型产品、洁净产品的生产和资源综合利用技术将继续得到迅速发展，环境服务业的规模将逐步扩大。

"智能环保"是信息技术进步的必然趋势。它能充分利用各种信息通信技术，感知、分析、整合各类环保信息，对各种需求作出智能的响应，使决策更加切合环境发展的需要。

 专家提醒

　　智能环境系统由环境卫星、环境质量自动检测、污染源自动监控 3 个层次构成，它能实现对环境信息资源的深度开发利用和对环境管理决策的智能支持。

2．智能安防的概念

智能安防与传统安防的最大区别在于智能化，传统安防对人的依赖性比较强，非常耗费人力，而智能安防能够通过机器实现智能判断，从而实现人想做的事。智能安防是基于物联网的发展需求，实现其产品及技术的应用的产业，它也是安防应用领域的高端延伸。

智能安防系统包括图像的传输和存储、数据的存储和处理，以及能够精准灵活操作的技术系统。就智能化安防系统来说，一个完整的智能安防系统主要包括门禁、报警和监控 3 大部分，如图 8-4 所示。

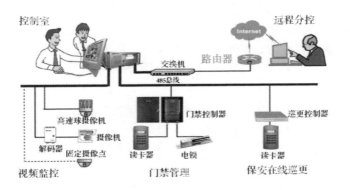

图 8-4　安防一体化系统

安防技术的发展能够促进社会的安宁和谐。智能化安防技术随着科学技术的发展与进步已迈入了一个全新的领域。物联网分别在应用、传输、感知 3 个层面为智能安防提供可以应用的技术内涵，使得智能安防实现了局部的智能、局部的共享和局部的特征感应。

安防系统是实施安全防范控制的重要技术手段，在当前安防需求膨胀的形势下，其在安全技术防范领域的运用也越来越广泛。随着微电子技术、微计算机技术、视频图像处理技术与光电信息技术等的发展，传统的安防系统也正由数字化、网络化，逐步走向智能化。

这种智能化是指在不需要人为干预的情况下，系统能自动实现对监控画面中的异常情况进行检测、识别，在有异常时能及时报警，如图 8-5 所示。

图 8-5　智能报警

物联网技术的普及应用，使得城市的安防从过去简单的安全防护系统向城市综合化体系演变，城市的安防项目涵盖众多领域，有街道社区、楼宇建筑、银行邮局、道路监控、机动车辆、警务人员、移动物体、船只等。特别是针对重要场所，例如机场、码头、水电气厂、桥梁大坝、河道、地铁等，引入物联网技术后可以通过无线移动、跟踪定位等手段建立全方位的立体防护。

专家提醒

> 物联网是安防行业向智能化发展的概念平台，可以为安防智能化发展提供更好的资金和技术平台。具体来说，安防系统包括视频监控报警系统、出入口控制报警系统、防盗报警系统、保安人员巡更报警系统、车辆报警管理系统、110 报警联网传输系统。未来的安防，通过智能传感芯片，将信息进行及时感知，实时传送，给人们带来一个安全和智慧的新时代。

8.1.2 了解智能环保与智能安防的特点

如今，智能环保与智能安防已经被广泛应用于相关行业，这些都是基于智能环保与安防独特属性的基础上发展起来的应用。下面笔者来介绍一下它们的特点。

1. 智能环保的特点

（1）更透彻的感知：智能环保的建设采用了各种先进的感知设备，全面感知环境，综合运用各种设备和技术，获得前所未有的智能感知。

这些感知设备有针对气体中各种有害气体含量的传感器和测量仪表，有针对水体各种理化指标和性状的传感器和测量仪表，还有比较成熟的视频监控设备等，如图 8-6 所示。

图 8-6　水处理环保设备

（2）更全面的互联互通：通过各种网络与先进的感知设备连接，将感知设备获取的信息实时地传输到业务平台，然后平台再转发给手持设备、电脑等智能化终端，从而实现多方面的信息互联互通。

（3）更深入的智能化：感知层获得的数据可用于对应的业务系统，甚至可以作为建模的基础数据，数据管理平台实时收集并分析数据，当数据超限值时可实现自动报警，提示环境管理部门或污染源企业及时处理。

专家提醒

智能环保的建设有明确的要求，即采用国内先进的环境自动监控仪器，依照国家有关技术规范和环境信息行业技术标准，建设高水平的、覆盖全面的以及系统集成统一的在线监测监控系统。

2. 智能安防的特点

（1）安防系统数字化：信息化与数字化的发展，使得安防系统中以模拟信号为基础的视频监控防范系统向以全数字化视频监控系统发展，系统设备向智能化、数字化、模块化和网络化的方向发展。

安防产品由原来的数字监控录像主机，发展到网络摄像机、电话传输设备、网络传输设备和专业数字硬盘录像机等多种产品，如图8-7所示。

图8-7 智能安防产品

（2）安防系统集成化：安防系统的集成化包括两个方面：一是安防系统与小区其他智能化系统的集成，将安防系统与智能小区的通信系统、服务系统及物业管理系统等集成，这样可以共用一条数据线和同一计算机网络，共享同一数据库；二是安防系统自身功能的集成，将影像、门禁、语音、警报等功能融合在同一网络架构平台中，可以提供智能小区安全监控的整体解决方案。

集成化的安防系统主要有以下功能。

- 自动报警：当未经授权人同意试图闯进安防监控区域时，智能安防系统会自动开启，同时录制视频，并进行声音报警向主人发送报警信息，图像和视频将发送到主人邮箱、智能手机中以及小区管理处。如果智能社区系统设计完善，那么该系统应该有直接报警功能，与公安部门或报警运营商互动。

- 消防安全：对居住面积较大的别墅区，例如客厅、厨房、娱乐室等公共区域，安装烟雾报警器和一氧化碳级显示器。当检测到异常时，系统会自动通风，如果出现明火，系统会自动通知用户或有关消防部门。

- 紧急按钮：当儿童和老年人在家发生突发事件时，紧急按钮功能可方便通知家人处理应急事件。如图8-8所示，为紧急开关接线图。

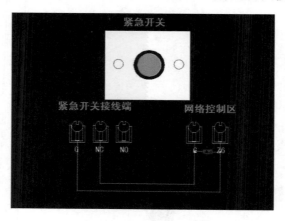

图8-8　紧急开关接线图

- 能源科技监控：监控水、电和天然气。当检测到漏水、漏电、燃气泄漏等情况时，智能系统会自行切断总开关，并通知用户及时处理。

8.2　全面分析：物联网应用于环保与安防领域

现今物联网技术在环保和安防方面的应用已经非常广泛。安防行业在结合了物联网之后，正走向高清化、网络化、智能化的道路，而在环保方面，物联网则可广泛地应用于大气监测、生态环境监测、气象和地理研究、降水监测等各个方面。

8.2.1　具体应用

相对于传统的环保与安防，智能化的环保与安防更加贴近人们的生活，一方面节省了相关行业的投入成本，另一方面也符合当下移动互联与物联网发展的基本趋势。下面我们来介绍一下物联网在环保与安防领域的重点应用。

1. 物联网在环保领域的应用

（1）交通节能，低碳环保：在智能交通那一章我们已经讲过，将物联网技术应用于交通系统，通过交通流量监控和调度，可以大大提高道路通行能力。

有研究显示，当出现交通拥堵时，车辆驾驶者就需要频繁地踩油门和刹车，而每次减速的燃油消耗却是平常正常行驶耗油的 3 倍。如果将平均车速从每小时 20 千米提高到每小时 40 千米，那么平均油耗可以降低 20% ~ 40%。

使用 ETC 通信高速公路收费道口时，单车油耗和尾气排放可以降低约 50%，同时道口通行能力提升了 4 ~ 6 倍，大约每位车主每年可节油约 15 升，大幅度地提高了节油能力，这也为环境保护做出很大的贡献，如图 8-9 所示。

图 8-9　低碳交通

（2）建筑节能，智能家居：建筑节能是指在建筑材料生产、房屋建筑和构筑物施工以及使用过程中，满足同等需要或达到相同目的的条件下，尽可能地降低能耗。建筑能耗在中国占据了将近 1/3 的社会能源消耗。随着物联网的发展，家庭自动化行业将借势发展，越来越多的智能家居公司在智能家居设备的节能上面将会采取多种方式，实现产品节能。

产品节能将在产品设计上趋于人性化和智能化，例如照明设备可以根据需要调节亮度，也可以采用定时控制，从而减少待机时的资源浪费。

另外，不少公司从无线技术上改善能耗情况，例如，物联传感基于 SmartRoom 无线技术的无线节点使用电池供电，采用 SmartRoom+ 策略节能技术。工作周期短、收发信息功耗较低，并能保证设备在没有指令信号的状况下功耗更低。无线传感器的普通电池供电时间可达两年以上。

（3）工业节能：工业企业是我国能源消费大户，其能源消费量占全国能源消费总量的 70% 左右。其中，钢铁、有色、煤炭、电力、石油、化工、建材、纺织、造纸 9 大重点耗能行业用电量占整个工业企业用电总量的 60% 以上，但单位平均能耗却比国外先进水平高出 40%。

（4）垃圾回收：生活中的垃圾其实还有很多用处，例如，塑料能够多次融化成型，回收利用塑料可有效地减少环境污染；许多金属可以被熔化后再利用，回收废弃金属能够有效地节约能源和矿石资源。回收物品的材料分类，如表 8-2 所示。

表 8-2　回收物品的材料分类

类　别	说　明
纸类	办公用纸、废杂志、纸板箱、广告纸等
玻璃类	各种干净玻璃瓶、白炽灯泡、其他玻璃制品等
塑料类	牙刷、梳子、各类塑料文件夹等
金属类	废电线、金属制品等
橡胶类	橡胶管、橡皮等
木制品类	所有木制品
纺织品类	毛巾、丝巾、衣物等

物联网支撑下的垃圾绿色智能收运体系，将通过运用垃圾分类社会学专业方法动员、全链条智能分类收运体系建设，以及多环节引入环保专业力量的方式，实现垃圾的无害化、减量化、资源化。

每个分类垃圾收集车、分类垃圾转运车甚至垃圾桶上都安装了物联网芯片，从带着二维码的分类垃圾袋进入含有物联网芯片的垃圾桶，再通过具有自动称重设备的分类垃圾收集车运到小区的处理中心，根据种类进行处理或者就地处理。如图 8-10 所示，为智能生态垃圾房。

图 8-10　智能生态垃圾房

2．物联网在安防领域的应用

随着科技的不断进步、国民经济的不断提高，智能安防的高度人性化、多种服务集成将是未来的发展方向，主要体现在以下几个方面。

（1）家居安防：在前面的智能家居一章中我们曾讲过智能家居的安防系统，智能安防在智能家居中的应用将逐渐扩大。它将使自动化的家居不再是一幢被动的建筑，而是变成了具有"思想"的聪明建筑。

例如，当你出门在外或者夜里睡觉时，智能家居的安防系统会自动开启，处于警戒状态，保护用户的家庭安全。

（2）楼宇安防：随着我国房地产业的不断发展，为智能楼宇的迅速成长提供了很好的平台，智能楼宇安防监控也逐渐进入了人们的视野，如图 8-11 所示。

图 8-11　智能楼宇安防监控

智能楼宇安防监控在北京、上海、广州、深圳等一线城市的高档住宅中得到了广泛应用，它已经成为高档物业的新标志。

据统计，现在已有很多城市开始将物联网技术安防系统用在新型防盗窗上。与传统的栅栏式防盗窗不同，普通人在 15 米距离外基本看不见该防盗窗，走近时才会发现窗户上罩着一层薄网，由一根根相隔 5 厘米的细钢丝组成，并与小区安防系统监控平台连接。一旦智能防盗窗上的钢丝被大力冲击或被剪断时，系统就会即时报警。从消防角度来说，这一新型防盗窗也便于居民逃生和获得救助。

（3）交通安防：智能交通是一项涉及多学科、多行业的系统工程。其产业与安防产业关系十分密切，从数据采集到系统集成，再到平台运营，涉及方方面面，对于安防企业来说切入的机会点也更多。

在智能交通系统中需要应用到大量的安防产品，例如城市公共交通管理和城市道路交通管理。

城市道路管理系统包括信号灯控制系统、车牌识别系统、路况指示系统、道路视频监控系统等。其中，道路视频监控系统是应用最广泛的系统，被纳入众多城市的"平安城市"建设中，如图8-12所示。

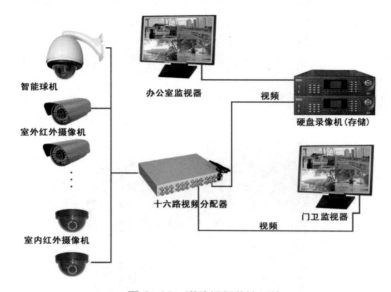

图8-12　道路视频监控系统

（4）智能医疗：通过物联网技术，可以有效预防医疗事故的发生，保障病人的人身安全，将药品名称、品种、产地、批次，以及生产、加工、运输、存储、销售等环节的信息，都储存在RFID标签中，当出现问题时，可以追溯医疗全过程。

同时，还可以把信息传送到公共数据库中，患者或医院可以将标签的内容和数据库中的记录进行对比，从而有效地识别假冒药品，大幅度提高医疗的安全性。

（5）零售安防：目前，零售企业基于防损方面的安防应用主要包括电子商品防盗、视频监控系统、红外报警系统以及收银机监控系统等。

电子商品防盗系统的作用是可以减少商品丢失。把电子商品防盗系统安置在零售企业明显的位置，可直接检测到固定在商品上的有效防盗标签，使其发出声光报警，如图8-13所示。

视频监控系统的功效主要是对内外盗的威慑作用，并记录下作案的整个过程，其通常安装在固定或隐蔽的位置对特定区域进行监视。

收银监控系统目前主要是把POS机数据与收银监控画面整合在一起，找出差异，从而有效地控制收银线上的损耗。其可实时或事后追查事件当时发生的情况。例如某商品卖给了谁、多少价格等详细信息都可追查，甚至包括收银员打开收款机钱箱或删除收银数据等信息都详细可查。

零售行业安防的应用能够提高百货商场等地方的安全保障级别，提高员工管理效率等。

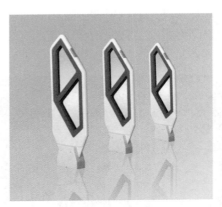

图 8-13　电子商品防盗系统

8.2.2　技术概况

智慧环保是物联网技术与环境信息化相结合的概念，智能安防则是物联网及其产品与安防结合起来的产品智能化，两者的普及应用离不开物联网的技术支持。

1．智能环保中的物联网技术

（1）环境质量监测数据采集：随着物联网技术的发展以及环境监测中宏观需求的提高，很多新兴技术被逐渐运用到了监测领域，例如"3S 技术"。

"3S 技术"是遥感技术 (Remote Sensing，RS)、地理信息系统 (Geography Information Systems，GIS) 和全球定位系统 (Global Positioning Systems，GPS) 的统称，是空间技术、传感器技术、卫星定位与导航技术和计算机技术、通信技术相结合，多学科高度集成的对空间信息进行采集、处理、管理、分析、表达、传播和应用的现代信息技术。

"3S 技术"在环境监测中具有监测范围广、成本低、速度快、可实现长期动态监控等优点，是目前大范围环境质量监控的主流技术，例如大气监控、水质监控、城市生态环境监控等领域都有广泛应用。

在监测过程中，先由 RS 技术获取监控区域的光谱图像资料，经过同往期的图像比较可以找出环境变化明显的区域，针对这些区域再进行 GPS 定位，进行重点监测和独立数据的收集。GIS 技术则是针对数据进行综合管理和分析的平台。"3S 技术"的联合运用，可实现大范围的环境监测。

（2）污染源在线监控系统：智能环保需要融合传感器、射频识别、激光扫描、卫星遥感等多种技术，实现数据采集、传输、存储、分析和及时的报告预警等功能，最后形成全天候、多层次、多区域的监控体系。

污染源在线监测的含义是通过装在处理企业和排污设备上的各类监测仪表收集污染数据，再经由信息网络将监控数据传至环境监测部门，实现监控和管理的过程，如图8-14所示。

图8-14 污染源在线视频监控系统

选择适合的传感器，依靠无线传输技术形成传感网，根据对数据安全性的要求通过预定的网关接入网络层，并将数据传输到应用层。在线监控使监控数据更加真实可靠，且避免了数据的滞后性。

对污染源进行实时在线监测能从根本上改善空气质量，污染源在线监控系统包括数据收集系统和信息综合系统。数据收集系统安置于污染治理设施和排污设备上，其主体是各种常规指标和污染物指标的检测仪器，收集到的数据通常由运行记录仪和设备采集传输仪进行加密、储存、发送等。

信息综合系统主要由计算机终端设备、监控中心系统等构成，对收集到的数据进行分类、分析，并入库存以完成环境数据管理的过程。监控中心系统通常由信息管理软件和数据库构成。

污染源在线监控系统的主要应用领域，如表8-3所示。

表 8-3 污染源在线监控系统的主要应用

主要应用	简　介
大气监测	一般可采用固定在线监测、流动采样监测等方式，可在污染源处安装固定在线监测仪表，在监控范围内按网格形式布置有毒、有害气体传感器，在人群密集或敏感地区布置相应的传感器。 一旦某地区大气发生异常变化，传感器就会通过传感节点将数据上报至传感网，直至应用层，根据事先制定的应急方案进行处理；对于污染单位排放的超标污染物，物联网可实现同步通知环保执法单位、污染单位，同时将证据同步保存到物联网中，从而避免先污染后处理的情况
水质监测	包含饮用水源监测和水质污染监测两种。饮用水源监测是在水源地布置各种传感器、视频监视等传感设备，将水源地基本情况、水质的 pH 等指标实时传至环保物联网，实现实时监测和预警。 水质污染监测是在各单位污染排放口安装水质自动分析仪表和视频监控，对排污单位排放的污水水质中的氨氮等进行实时监控，并同步到中央控制中心、排污单位、环境执法人员的终端上，以便有效地防止过度排放或重大污染事故的发生
污水处理监测	在污水处理厂的入水口和出水口设置多种传感设备，实现对进水水质和出水水质、流速、流量等持续地监测。 还可同时在污水处理的各个环节增加视频监控和各种传感设备以及污水处理设备的自控设备，构建多个传感网节点，控制各污水处理流程中的水质。若水质不在预设的控制范围内，传感网节点便可以根据处理的数据，发送控制信号给污水处理设备的自控设备，以保证各污水处理设备始终处于最经济的运行状态，同时也减少了工作人员的编制

2. 智能安防中的物联网技术

（1）视频监控技术：视频监控系统由摄像、传输、控制、显示、记录登记5个部分组成。在安防行业中，视频监控的应用占据了市场的绝大部分比例，视频监控技术的智能化将促进安防产品的智能化。

智能视频分析技术的视频采集设备是一种采集关键信息的智能感知器，早已成为物联网应用的前端核心。

监控是各行业重点部门或重要场所进行实时监控的物理基础，可用于楼宇通道、银行、企事业单位、证券营业场所、商业场所内外部环境、停车场、高档社区家庭、图书馆、医院、公园等各个地方。

管理部门可通过它获得有效数据、图像或声音信息，对突发性异常事件的过程进行及时的监视和记忆，用于提供高效、及时的指挥，布置警力、处理案件等。

（2）防盗报警系统：是指当有人或物非法侵入防范区时，引起报警的装置，它可以发出出现危险情况的信号，是用探测器对建筑内外重要地点和区域进行布防的一种系统，如图 8-15 所示。

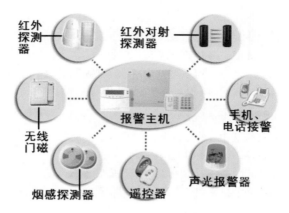

图 8-15　防盗报警系统

防盗报警系统的设备一般分为前端探测器和报警控制器，报警控制器是一台主机，用于有线／无线信号的处理、系统本身故障的检测。前端探测器包括门磁开关、红外探测器和红外／微波双鉴器、玻璃破碎探测器、紧急呼救按钮等。

防盗报警系统能够在探测到有非法入侵时，及时向有关人员示警。例如，门磁开关、玻璃破碎报警器等可有效地探测外来的入侵，红外探测器可感知人员在楼内的活动等。一旦发生入侵行为，报警设备能及时记录入侵的时间、地点，同时发出报警信号。

（3）门禁管理系统：控制和管理人员的进出，并准确记录和统计管理数据。

门禁安全管理系统是新型的现代化安全管理系统。它集微机自动识别技术和现代安全管理措施于一体，运用的技术涉及电子、计算机技术、机械、通信技术、生物技术等。它是解决重要部门出入口实现安全防范管理的有效措施，适用各种机要部门，例如银行、工厂、机房、军械库、机要室、小区、通信等场所。

物联网技术的应用使得门禁技术得到了迅猛发展，门禁系统已经逐渐发展成为一套完整的出入管理系统。在该系统的基础上增加相应的辅助设备可以进行电梯控制、物业消防监控、车辆进出控制、保安巡检管理、餐饮收费管理等，实现区域内一卡智能管理，如图 8-16 所示。

（4）消防报警系统：又称火灾自动报警系统，是将全球卫星定位系统、地理信息系统、无线移动通信系统和计算机、网络等现代高新技术集于一体的智能消防无线报警网络服务系统。

图 8-16　门禁管理

消防报警系统由触发装置、火灾报警装置以及其他具有辅助功能的装置组成，具有报警功能、信息记录和重放功能和指挥功能，如表 8-4 所示。

表 8-4　智能消防报警系统的功能

功　能	简　介
报警功能	报警终端采用了当今最先进的传感技术，报警终端和报警接收机之间采用无线通信方式。发生火灾时，只需按一下手动按钮，报警信号就会迅速传送到报警接收机，并启动接收机的声光报警装置，通过转发器将信号传送到消防支队。如果火灾现场无人按按钮，各种智能传感器也能自动地将报警信号传送到报警接收机，并最终将报警信号传送到消防支队，完成自动报警
信息记录和重放功能	系统能自动、准确地记录报警时间、地点、核警过程、处警程序及处警结果，录下指挥员的语音和现场情况，提供行车路线，重放行车轨迹及出警与灭火的全过程，不会出现误报、漏报
指挥功能	接警中心可根据火灾的类别、火势等级、地理环境、气象条件、消防水源、消防实力、火警单位的基本情况等相关因素，进行分析、判断，自动或人工联合编制出警方案，并向消防中队、消防车下达出动命令。一旦有火警，接警中心和消防车之间可保持实时接收、显示相互传递的信息，接警中心、用户、警员可保持通话

消防报警系统能在火灾初期，将燃烧产生的热量、烟雾、火焰等通过火灾探测器变成电信号，传输到火灾报警控制器，并同时显示出火灾发生的部位、时间等，使人们能够及时发现火灾，并及时采取有效措施，扑灭初期火灾，最大限度地减少因火灾造成的生命和财产的损失。

消防指挥中心与用户单位联网，改变了传统的被动式报警、接警、出警方式，实现了报警自动化、接警智能化、出警预案化、管理网络化、服务专业化、科技现代化，减少了中间环节，提高了出警速度，方便快捷、安全可靠，使人民生命、财产的安全以及警员的生命安全得到了最大限度的保护。

（5）智能指挥控制：是指在无人干预的情况下能自主地驱动智能机器实现控制目标的自动控制技术。

智能控制器是以自动控制技术和计算机技术为核心，集成微电子技术、信息传感技术、显示与界面技术、通信技术、电磁兼容技术等诸多技术而形成的高科技产品。作为核心和关键部件，智能控制器内置于设备、装置或系统之中，扮演着"神经中枢"及"大脑"的角色，如图8-17所示。

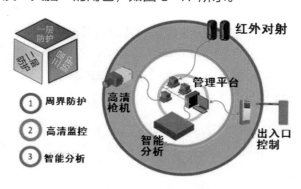

图 8-17　智能指挥控制系统

为什么大楼的门只让它"认识"的人通过呢？为什么消防报警系统在检测到有火灾隐患时可以自动"报警"呢？这一切都源于机器的智能指挥控制技术，实现了众多安防产品的智能化，使得它们能够"思考"，从而运用它们的"聪明才智"守护我们的财产安全。

8.3　案例介绍：智能环保、智能安防典型表现

下面笔者来介绍一下物联网技术在环境保护行业和安全防护行业的相关应用实例。

8.3.1　"空气盒子"与"空气果"

频频出现的雾霾、变本加厉的大气污染，使得人们越来越关注我们生活环境的空气质量。物联网技术的渗入带动了环保产业的高速发展。例如空气监测器、净化器等相关产品，一度成为人们关注并消费的热点。

从大的方面来讲，目前我国已建立众多环保监测系统，绝大部分环保检测系

统都能实时采集和检测排污点的二氧化硫和化学需氧量排放量。但是生活中的我们怎样才能更方便快捷简单地知道我们所处环境的大气质量呢？

海尔和墨迹相继推出的空气监测器产品"空气盒子"和"空气果"，都是以家庭空气检测和相关空气电器的远程遥控为功能特色的周边产品。它们能够与手机互联，实时查看室内外的空气状态，如图 8-18 所示。

图 8-18　"空气盒子"手机端界面

墨迹天气的"空气果"与海尔的"空气盒子"在监测的功能上是极其相似的。"空气果"比"空气盒子"多出可检测二氧化碳含量一项。但这两个产品都可对室内空气进行检测，并依据室内外综合检测结果，提供最优的解决方案。

家电控制功能是这类产品主打的第二个重要功能。"空气盒子"与家电的连接过程非常简单，只要两步便可轻松搞定：把空气监测器连接上电源后，再用手机扫描包装盒上的二维码，或在应用商店中下载"空气盒子"应用。最后，只要用户的手机与空气盒子在同一 Wi-Fi 环境下，打开应用，依次按照注册、登录、绑定设备操作即可完成连接操作。

具有家电控制功能的空气监测器可以与绝大部分空调、净化器产品进行配对绑定。而且绑定完空调或者空气净化器以后，在智能模式下，无论何时何地，当室内空气较差时，空气盒子就会自动发出指令，智能联动家中设备，进行空气净化，如图 8-19 所示。

与"空气盒子"不同的是，墨迹的"空气果"还可以同时监控室外的空气质量。还支持语音、手势操作等功能，在显示方式、操作方式上也较"空气盒子"更加智能。

有了这样的空气监测器，不仅能实时了解到家中的空气质量，还能及时通过远程控制提早进行净化，相信这也是未来智能家居中一项必不可少的应用。

图 8-19 智能联动界面

8.3.2 智能环卫车辆车载称重系统

在环保专家看来：只有放错位置的资源，没有真正的垃圾，垃圾分类可以形成一个资源循环型的社会。传统的垃圾混装就是把垃圾单纯地当成废物，混装的垃圾被送到填埋场，侵占了大量的土地，而且混装垃圾无论是填埋还是焚烧，都会污染土地和大气，加大环境的负担。

垃圾分装是把垃圾当成资源，分装的垃圾被分送到各个回收再造部门，不占用土地，促进了垃圾的无害化处理，也减少了环卫和环保部门的劳作。图 8-20所示，为不同垃圾的分类标识。

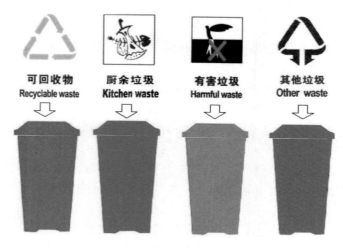

图 8-20 不同垃圾的分类标识

上海市静安区自 2000 年就被住房和城乡建设部列为生活垃圾分类收集试点区。现在该区已经建立起适合其城区环境卫生管理模式的环卫车辆车载垃圾称重系统，其内容如表 8-5 所示。

表 8-5 智慧环卫内容

内容	功能	简介
区域垃圾量实时监控	对区域垃圾量进行统计	在收运车辆上安装电子标签垃圾称重设备，可实时地上报车辆收运的每一桶垃圾，同时累计产生每一辆车当前正在收运的垃圾重量。通过车辆位置以及垃圾桶电子标签实时累计产生每一个小区的垃圾重量；车辆将垃圾运输至中转站后，实时地累计产生每一个中转站运入和运出的垃圾重量；垃圾运至处理厂后，累计产生每一个处理厂的垃圾重量，最后汇总形成城市日产垃圾总量
	实时监控垃圾减量实施效果	在地图中实时地标识每一个垃圾桶、收运车辆、小区、中转站、处理厂的位置，可查询每一个节点当前的垃圾量、当日运入和运出的垃圾量，以及与上月或去年同期相比垃圾量增减情况
车辆作业过程实时监控	作业规划	该系统可按小区、街道、重点区域详细规划压缩车、拉臂车等车辆收运垃圾的清运路线，详细规划每辆车所负责的垃圾箱的数量、位置，中转站的数量及位置，并规定清运次数，为实时监控及考核评价提供依据
	实时监控	对垃圾箱清收进度进行监测，可实时地监控运输车辆的轨迹路线、停车次数。对违规停车、超时停车等事件，系统自动预警，并可基于地图对作业过程进行回放，实时地监控垃圾桶清运数量，具体包括每辆车进出中转站次数、清运垃圾箱数量等
信息管理	数据查询统计分析	该系统可对环卫工作人员、工作车辆、收运的垃圾桶数、违规事件、油耗信息等建立信息数据库，可实现按姓名、时间、地点等指标进行查询统计，根据统计结果形成分析报表
	考核评价	系统实时地统计考核垃圾车、压缩车的出车次数及里程数，结合油耗情况对车辆进行综合评价。实时统计压缩车收运垃圾箱的数量，并自动反映超期而未及时清理的垃圾箱
统计分析	对各环节对象数据进行统计分析	分析对象可细化到单桶、小区、车辆、中转站、处理厂，可进行垃圾量同比、环比趋势分析。如对垃圾桶进行收运频次分析，对小区垃圾量分时段统计，对收运车辆工作绩效进行月度/年度分析，对中转站垃圾量分时段统计并形成趋势图等

环卫车辆车载称重系统有效地解决了垃圾清运过程中遇到的难题，提高了垃圾的收运效率，为管理者作出科学决策提供了数字依据，对促进垃圾分类进程、降低环卫作业成本具有重要意义。

8.3.3　别墅区的智能安防监控系统

随着物联网技术与安防监控的融合，智能安防技术应用于智能家居、智能楼宇中的情况已经很常见。

武汉的 F 天下山水别墅是个集万国风情于一体的超大型生态别墅城，它的成功开发，赢得了政府、广大客户及社会各界的充分认可和赞许，获得了国家、省、市各级、各部门众多奖项，它是华中地区规模最大的纯别墅区，也是武汉唯一的山地湖泊别墅群。

这样一个生态环保、景色宜人、融合了众多先进科技的生态城，整个别墅区都是智能化系统工程设计，综合考虑用户的照明、自动控制、环保节能等需求，遵循为用户提供舒适、便捷、可靠、绿化的生活环境，全方位、多重防护的安全保障，智能化、可视化的灯光环境控制，提升用户的生活品质，当然在这里我们着重介绍的是它的可靠安全的安防技术。

随着人们生活水平的提高，安全问题成了人们在乎的新问题，家庭人身、财产安全尤为重要，F 天下山水别墅便根据业主的安全需要在建筑中融入了智能安防监控系统。

该监控系统采用加拿大枫叶原装进口探测器，不仅性能稳定、功能技术先进、误报率极低，而且外观美观大方，配合装修，起到了锦上添花的作用。

同时 F 天下山水别墅还采用了多段防范的报警系统，可能通过语音驱赶入侵者，同时进行室内报警，如图 8-21 所示。

图 8-21　监控器与报警探测器

视频监控系统主要用来监控画面，是对安防报警系统的补充，同时还可以作为后期的取证，而且通过远程监控随时随地可以观看家里的环境，让用户放心外出。

8.3.4 南岸区推出的"智慧城管"

南岸区在重庆市范围内率先推出了"智慧城管"手机软件，市民通过手机下载移动终端软件，即可随时随地举报身边的城管问题，主要包括城市环境保护与安防建设方面。

该 App 的首页分为"我要举报""举报记录""便民服务""办件查询"等模块，市民既可以注册登录举报，也可以匿名举报，如图 8-22 所示。

图 8-22 智慧城管 App

同时为了提高市民参与维护城市管理的积极性，下载智慧城管手机软件并举报成功后可以获得相应的积分，积分可以兑换成话费或者流量，相当方便。

南岸打造以物联网为支撑的"智慧城管"项目，也就是基于街景影像地图建设"数字城管"的实景化门户网站，为公众参与城市管理、举报城管问题提供了一个开放、可视化的操作平台，从而调动全民参与城市管理的积极性。

南岸区以"智慧南岸"建设为契机，依托物联网技术，积极推动智能环保、智能安防建设，目前，已建设完成数字化城市管理体系、城管执法单兵系统、城市管理视频监控系统、智慧城管公共服务平台、下水道化粪池危险源气体监控系统、特种车辆管理系统、城市照明路灯监控管理系统，这7大系统的建设初步搭建完成了具有南岸特色的智慧城管体系。

8.3.5　深圳市宝福珠宝的先进安防管理系统

深圳宝福珠宝文化产业园是重要的贵金属产业园区，先进实用的安防管理是对园区内人员和设备提供安全屏障的必要保证，为此配置了周密的安全防范系统。

其智能安防及各子系统包括周界防范报警系统、闭路监控系统、门禁系统、考勤系统、巡更系统、智能停车场系统、电梯管理系统、食堂消费系统、网络综合布线系统、背景音乐广播系统。

在传统意义上，员工的证件、档案、考勤、食堂就餐、停车场等管理都是不相关联的，各部门之间没有相互的联系，这样也造成了人力和财力的浪费，而且工作效率低下。

但是现在通过建立众多应用子系统，以一卡通系统为切入点，来实现内部各分系统之间的信息交换、共享和统一管理，同时也实现一卡通系统与各子系统之间的信息交换，实现统一管理和联动控制。

一卡通系统管理中心将门禁、停车场、考勤、巡更、收费等各子系统的信息数据进行集中、统一管理，有效地保证各子系统数据的同步和完整，实现各子系统之间的"一卡通行，资源共享"。

（1）门禁管理系统：宝福珠宝文化产业园门禁系统基于一卡通平台设计，可与其他一卡通子系统统一管理。

系统具备门禁主机和防盗报警主机功能，支持通用的读卡技术，包括感应卡、磁卡、密码键盘、指纹等。对于要害部门，例如珠宝园金库门、珠宝展厅、财务室等开启智能设置，如指纹加密码、胁迫码、超级密码、多卡开门等。

珠宝园工厂车间门禁按时间段自动切换功能，在解除状态下刷卡开门，对合法卡自动识别读卡器显示绿灯，对非法卡显示红灯并自动报警。

园区控制中心服务器电脑安装先进的动态电子地图软件，实时监控整个园区的每个门禁点和报警点，并实现与闭路监控系统和防盗报警系统的联动，当有非法开门报警时，自动启动相应区域的摄像监视系统及录像设备。

当防盗报警系统报警时，强行封闭相应的通道门，确保财产安全。能够与火灾报警系统进行联动，发生火警时，门禁控制系统收到事故报警信号，自动释放相关区域的所有电磁门锁，使人员能够迅速逃生。

（2）闭路监控系统：宝福珠宝文化产业园会对生产车线上的每个细节都严格监控，要求监控摄像机遍布整个生产车间，由于珠宝加工使用的原料往往很微小且贵重，一切不容有失，每位工人和每件微小的原料都必须丝毫不漏地在视频监控之下，某些特殊位置的摄像机要求具有超宽动态功能和日夜转换功能。

所有的摄像机视频信号接入监控中心的视频矩阵和硬盘录像机，配置 12 台 42 英寸液晶监视器组成电视墙监视图像。闭路监视系统与防盗报警系统、门禁控制系统等联动，由中央控制室进行集中管理和监控。

（3）考勤管理系统：在宝福珠宝文化产业园管理主机上安装考勤软件，门禁与考勤系统结合工作，可以在现有门禁点中任意选择合适的点位兼作考勤，也可以增加专门的读卡器作为考勤，如图 8-23 所示。

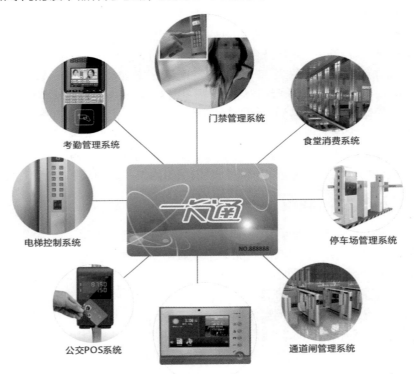

图 8-23　企业一卡通系统

通过考勤软件进行考勤统计和考勤报表信息查询，代替了以往的人工签卡、打卡，方便了管理人员统计、考核各部门出勤率，准确地掌握了员工的出勤情况。

（4）停车场系统：该系统将先进的 IC 卡识别技术和高速的视频图像存储技术相结合，通过计算机的图像处理和自动识别，对车辆进出停车场的收费、保安和管理等进行全方位人性化管理。此外，由于珠宝行业的特殊性，在园区的主出入口除安装智能车辆管理系统外，还安装了高强度的路障机，防止大吨位车辆暴力冲抢。

（5）巡更管理系统：系统共设计 112 个巡更点，保安巡更时，按巡更软件事先编排好的巡更路线巡视线路，在规定的时间内，在各巡更点读卡器上用巡更卡读卡记录巡更信息。

读卡器采集的信号记录了巡更员到达日期、时间、地点及相关信息。若不按正常程序巡视或发生意外，则管理中心电脑将产生报警信号，以便采取相应的措施。系统可生成常用的统计报表，定期统计汇总，控制管理中心也可随时查询整理备份相关信息，对失盗失职事件进行有效分析。

（6）电梯管理系统：为避免闲杂人员随意使用电梯，加强厂区的安保，提高物业的智能化管理，支持环保倡议，电梯控制管理显得尤为重要。

宝福珠宝文化产业园共有 16 部电梯配置了电梯管理系统，其中 12 部电梯每部 7 层、4 部电梯每部 15 层使用了智能化控制。刷卡到达指定楼层，刷卡后开通按钮权限，手动按键到达想去的楼层，未经授权的楼层按键无效。

当有周界报警发生时，自动联动相关位置的外围视频监控系统的高速球摄像机会转到警情发生的位置，并自动录像。同时在监控中心的电视墙上，也会在第一时间自动切换到报警位置的画面，以供保安人员及时查看和事后取证。

8.3.6　平安工程中的智能安防系统

近年来，公共安全受到了空前重视，"平安城市"的建设已经成为人们的热点话题。那么何为"平安城市"呢？平安城市就是通过三防系统（技防系统、物防系统、人防系统）建设城市的平安与和谐。

一个完整的安全技术防范系统，是由技防系统、物防系统、人防系统和管理系统 4 个系统相互配合、相互作用来完成安全防范的综合体。

某市通过对视频图像智能识别、分析、检索、人工智能等前沿技术文献调研和技术探讨，提出了 6 类实用的安防领域视频图像应用技术在平安工程中的应用，提升了社会治安视频监控系统的智能化水平。

智能安防在平安工程中的 6 类实用技术包括目标智能跟踪、智能行为分析、车牌识别、人脸识别、视频拼接、视频图像质量诊断，如图 8-24 所示。

（1）目标智能跟踪：基于视频数据融合技术，结合视频监控图像智能分析，高效、快速地实现事件检测与行为分析。对场景中特定的人、车、物、事等进行精确智能感知，全时空智能地跟踪人、车、物的移动行为。

（2）智能行为分析：检测可疑目标入侵、跨越警戒面（虚拟围墙）、人员聚集、可疑人员逗留、非法停车、逆向行驶、可疑物品遗留、人/车流量统计等，发现异常情况及时报警，将目标可疑行为处置在事态可控阶段。

（3）车牌识别：在平安工程中，主要用于车辆卡口和电子警察等监控系统中，实现号牌识别、车身颜色识别、车型识别等，实现过车信息的实时记录。

图 8-24　平安工程中的 6 大技术

（4）人脸识别：对抓拍图像进行生物特征的提取，采用人脸检测算法、人脸跟踪算法、人脸质量评分算法等分析技术，实现对人脸的抓拍采集、存储，黑名单比对报警和人脸检索等功能。

（5）视频拼接：对广场、交通枢纽、机场跑道、公路等场景视频图像进行拼接，去除重合，矫正形变，使得监控区域视域更广、效果更佳。

（6）视频图像质量诊断：智能化视频故障分析与预警，对视频图像出现的雪花、滚屏、模糊、偏色、画面冻结、增益失衡、云台失控、视频信号丢失等常见的故障进行准确分析、判断和报警。

基于视频图像智能分析的智能安防技术，能够对监控画面实时分析，对异常行为检测预判，实现视频监控与警务应用之间的联动，提高安防监控智能化。

通过引入安防技术，可大幅度缩短视频分析周期、减少警力消耗，为案件的侦破工作提供了快捷有效的途径和方法，提升了城市可视化管理水平。

第 9 章
移动互联网与物联网的融合

学前提示

　　移动互联网是互联网的未来发展趋势，它的核心是移动。移动互联网满足了人们的需求，使人们的生活更加方便、快捷。而物联网则使得人与环境的互动更加具体、实时。因此，物联网为移动互联网的发展提供了巨大的帮助。

9.1 先行了解：移动互联网概况

在信息技术高速发展的今天，人们也在不断地追求更加方便快捷的生活方式，希望能够随时随地随需地获取信息和服务。移动互联网就是在这样的大环境下应运而生的，且发展迅速。

9.1.1 移动互联网的具体概念

移动互联网，是指互联网的技术、平台、商业模式和应用与移动通信技术相结合的实践活动的总称。

移动互联网是一个以移动通信技术为主，辅以 WiMax、Wi-Fi、蓝牙等无线接入技术组成的网络基础设施，以云计算等信息技术作为支撑平台的产业技术环境。移动互联网产业链与用户的共生性及其在市场环境中的相互作用关系，构成了移动互联网产业生态系统，如图 9-1 所示。

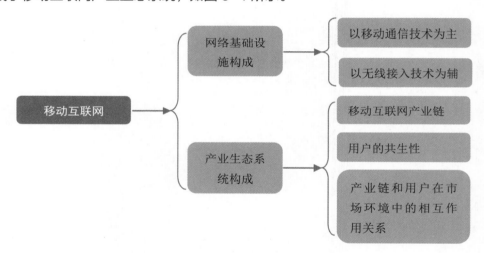

图 9-1 移动互联网的构成

移动通信和互联网是当今市场潜力最大、世界发展最快、前景最诱人的两大业务，它们的增长速度远远超出了人们的想象。

移动互联网的优势发展与趋势决定了其用户数量的庞大性。移动通信与互联网正在通过整合产业资源，形成移动互联网产业链。这个产业由电信运营商、设备提供商、终端提供商、服务提供商、内容提供商、芯片提供商等产业部门组成，并且逐步向商务金融、物流等行业领域延伸。

而物联网的技术将使得未来的移动互联，不仅是人与人之间的互联，还包含了人与物、物与物、人与环境、物与环境等各种方式的互联、互动。物联网的未来必然是在与移动互联网的互动中共同完成进化的。

9.1.2 移动互联网的主要特点

中国的计算设备市场已经进入以智能手机和平板电脑为中心的时代。智能手机和平板电脑更能引起消费者的兴趣，而且人们花费在智能设备上的时间和金钱也远远大于传统的信息设备，如图 9-2 所示。

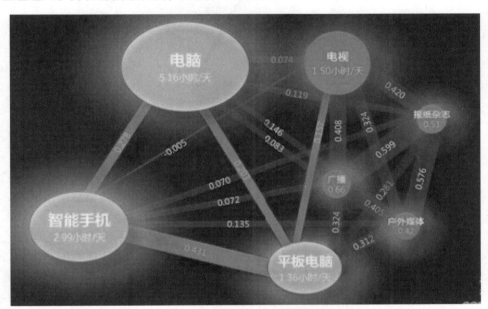

图 9-2 互联网用户使用不同媒介的时长

移动互联网具有应用精准、便携性高等众多特点，具体如下。

（1）轻便快捷：现在人们花费在移动设备上的时间一般远高于 PC 的使用时间，这个特点决定了使用移动设备上网可以带来 PC 上网无可比拟的优越性，即沟通与资讯的获取远比 PC 设备方便。而且，智能手机已经做到了可以 24 小时在线，通信即时、携带方便。

（2）应用精准：移动设备能够满足消费者简单、精准的用户体验。

例如，在互联网上，用户总会收到垃圾邮件，由于互联网是自由开放的，管控相对薄弱，所以对此用户只能隐忍。而在移动互联网上，用户则可要求运营商对垃圾短信进行管理。

（3）定位功能：随时移动的智能手机，可以通过 GPS 卫星定位，或者通过基站进行定位，如图 9-3 所示。

图 9-3　手机定位功能

　　智能手机随时随地的定位功能，使信息可以携带位置信息，例如，不管是微博、微信，还是手机拍摄的照片，都携带了位置信息，这些位置信息使传播的信息更加精准，同时也产生了众多基于位置信息的服务。

　　（4）私密性：和电脑相比，手机更具有私密性。智能手机中存储的电话号码就是一种身份识别。若广泛采用实名制，则可能成为某个信用体系的一部分。这意味着智能手机时代的信息传播可以更精准，更具有指向性，同时也具有更高的骚扰性。

　　（5）安全性更加复杂：安全性一直都是用户高度关注的热点，智能手机已是个人生活的一个组成部分，其安全性很容易构成威胁。例如它能够轻易地泄露用户的电话号码和朋友的电话号码，可能泄露短信息及泄露存在手机中的图片和视频。更为复杂的是，智能手机的 GPS 形成的定位功能，可以很方便地对用户进行实时跟踪，这其中的信息全面而复杂。

　　（6）智能感应的平台：移动互联网的基本终端是智能手机，智能手机不仅具有计算、存储和通信能力，同时智能手机还具有越来越强大的智能感应能力。这些智能感应让移动互联网不仅可以联网，而且可以感知世界，形成新的业务。

9.1.3　移动互联网的产业链

　　前面已经提过，移动互联网产业链由电信运营商、设备提供商、终端提供商、服务提供商、内容提供商等产业部门组成，并且逐步向商务金融、物流等行业领域延伸，如图 9-4 所示。

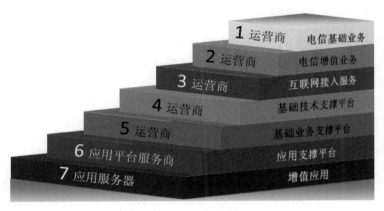

1 运营商 电信基础业务
2 运营商 电信增值业务
3 运营商 互联网接入服务
4 运营商 基础技术支撑平台
5 运营商 基础业务支撑平台
6 应用平台服务商 应用支撑平台
7 应用服务器 增值应用

图 9-4 移动互联网产业链

（1）电信运营商：是指提供固定电话、移动电话和互联网接入的通信服务公司。中国 3 大电信运营商分别是中国电信、中国移动和中国联通。中国移动通信集团公司是全球第一大移动运营商。

（2）设备提供商：国内常见的设备提供商有思科、瞻博网络等。这些设备提供商在技术研发实力、服务能力等方面都是顶尖的，每个设备供应厂商在各自的领域内都有非常出色的业绩。

（3）终端提供商：移动终端设备主要包括智能手机和平板电脑，而全球智能手机和平板电脑的出货量在 2011 年的时候已经超越台式机和笔记本电脑的出货量。"平台＋终端＋应用"的创新合作已经成为未来的发展趋势，移动互联网终端能够带来巨大的通信市场。

（4）服务提供商：服务提供商能提供拨号上网、网上浏览、下载文件、收发电子邮件等服务，是网络最终用户进入 Internet 的入口和桥梁。它包括 Internet 接入服务和 Internet 内容提供服务。

（5）内容提供商：内容提供商的业务范围是向用户提供互联网信息服务和增值业务，主要提供数字内容产品与娱乐，包括期刊、新闻、音乐、在线游戏等。

互联网内容提供商的收益包括广告收入、下载收入、订阅收入、中介佣金收入等。但 ICP 目前受到消费者自行创造内容的 Web 2.0 的强大威胁。中国知名的 ICP 有新浪、搜狐、网易、21CN 等。

专家提醒

全球移动用户的快速发展，给移动互联网产业链中的各个运营商都带来了极大的机遇。而移动互联网也改变了运营商之间的竞争格局，改变了运营商的发展策略，为他们带来了更多的合作机会。

9.1.4　移动互联网市场规模

近年来，移动互联网的市场规模一直都在大幅度地增长，随着 4G、5G 的先后商用、虚拟运营商的进入和众多企业的摸索，我国移动互联网市场的商业模式已基本成型。

移动互联网经过多年的快速发展，整个移动市场发生了一定的结构化变迁，商业化步伐明显加速。目前我国移动互联网市场正在日益成熟，并且形成了较为完备的产业链，应用、芯片和智能手机领域已经形成未来重要的产业机遇，并有望成为 3 大投资主线。

智能手机等终端以及电信资费价格的降低将会进一步促进移动互联网的渗透率，使得用户规模和用户使用率大幅增长，促成移动互联网市场的爆发式增长。而且随着终端形态及传感器的进一步升级，移动应用将更加自然地融入人们的健康、学习、娱乐等各个领域，持续创新，并带动形成新一批具有影响力的移动互联网企业，如图 9-5 所示。

图 9-5　移动互联网应用

移动互联网使得智能手机领域同样充满了投资机遇，除了三星、苹果等国际厂商外，国内智能手机市场还形成了以华为、小米、vivo、OPPO 为主的智能手机市场格局。

在 5G 不断普及的大背景下，厂商之间的竞争将为产业链上下游带来巨大的投资机遇，且国内可穿戴市场发展潜力巨大，有望促成智能手机等终端产业的下一轮发展，而与之相关的移动健康等细分领域也将酝酿出巨大的投资机遇。

专家提醒

移动互联网的 9 大趋势分别如下。

(1) 手机电视将成为时尚人士的新宠。

(2) 移动广告将是移动互联网的主要盈利来源。

(3) 移动社交将成客户数字化生存的平台。

(4) 移动电子阅读填补碎片化时间。

(5) 手机游戏将成为娱乐化先锋。

(6) 移动定位服务提供个性化信息。

(7) 手机内容共享服务将成为客户的黏合剂。

(8) 手机搜索将成为移动互联网发展的助推器。

(9) 移动互联网形式：渠道推广、联盟推广、手机应用商店推荐、手机预安装和 APP 开发。

9.1.5 移动互联网发展背景

2007 年 3 月，微软推出借助空余电视频段实现新型无线上网计划。随后，三星、飞利浦、爱立信、西门子、索尼、意大利电信、法国电信等业界领袖宣布成立开放 IPTV 论坛。该论坛的目的在于建立一个企业联盟，致力于制定一个通用的 IPTV 标准，以便所有的 IPTV 系统能够实现互操作。

"三网融合"的出现也是为了实现互通性、标准融合、跨网络浏览，实现用户按需选择的个性化服务。由此可见，移动互联网将会成为未来移动网发展的主流，而移动运营商的专网垄断将会被打破。

现在，手机网民的数量已经超越了台式电脑网民的数量，这极大地促进了移动互联网的兴起和高速发展。移动互联网拥有广阔的前景，对互联网企业来说，可谓是一块巨大的蛋糕，谁都想抢先进入这个市场，赢得先机。

专家提醒

可以预见，未来各产业对移动互联网行业市场与用户的争夺将会愈演愈烈，而这些潜在的用户拥有着与以往不同的特点，也使得互联网企业的下一步战略面临更多的挑战。

9.2 专业分析：移动互联网的技术基础

凡是智能化的东西，都离不开技术的支撑，移动互联网也是如此。移动互联网构建的是一个无论我们身处何时何地，都能快速随时随需地获取我们想要的信息的世界。并且现在的移动互联网并不只是单纯运用在手机上，未来的某天，或许我们身边的任何物品都能实现"移动互联"的功能，这也是物联网技术造就的"奇迹"。下面我们就来看一下哪些技术可以成就这些"奇迹"。

9.2.1 发展技术背景

移动互联网发展技术背景主要体现在 4 个方面，分别是移动终端设备技术的改进、传统互联网服务商对于 3G 的布局和推进、HTML 5 技术和云计算能力等条件的逐渐成熟、大量网站专门开发了针对手机使用的 WAP 网站且移动互联网平台开放吸引了大量的 App 应用，具体情况如表 9-1 所示。

表 9-1　移动互联网发展的技术背景

背　景	简　介
移动终端设备的技术进步	更小的体积、更加友好的用户界面、更大的屏幕和分辨率、更强的处理能力、更多更好的用户体验，例如多点语音、触摸、多传感器、3G 上网、地理位置定位等
传统互联网服务商对于 3G 的布局和推进	经过 3 家电信运营商两年的积极布局和推进，3G 网络逐渐开始成熟，中国 3G 产业开始进入快速增长的规模化发展阶段
HTML 5 技术和云计算能力等条件的逐渐成熟	HTML 5 已经得到了推广和普及，标准已经形成。各种各样的浏览器都支持 HTML；云计算将会给整个移动互联网带来提升，未来 Web App 帮助移动终端运算能力大幅度下降，主要计算都依靠云计算，使得不同档次的手机能够享受到同样的运算能力
大量网站专门开发了针对手机使用的 WAP 网站，且移动互联网平台开放吸引了大量的 App 应用	大部分 WAP 网站开始投放更多人力以提升网站的使用体验，部分 Web 网站还专门针对智能手机平台进行了优化以适配手机屏幕。而且越来越多的互联网平台对外开放，例如，腾讯平台、App Store 等应用商店。这些平台的高速发展最大限度地简化了网民下载安装手机应用的方式，更是开创了一种新的商业模式，吸引大量个人和团队开发者投身其中，形成了一个双赢的良性发展循环的生态链接

9.2.2 移动终端设备

前面已经提到过，移动终端设备的技术一直都在进步当中，它包括可穿戴式的设备、高精确度移动定位技术、测量与监视工具、高级移动用户体验设计领先的移动应用将提供不同寻常的用户体验等。

（1）可穿戴设备：智能手机将成为个人局域网的中心，个人局域网由身体上的健康医疗传感器、显示设备和嵌入到服装、鞋、眼镜、智能手表、首饰中的各种传感器组成。

例如，谷歌研发出了一款可以用隐形眼镜来追踪的设备。除此之外，还有很多公司现在正在进行衣服上的创新研发。当我们穿戴了这些设备之后，我们可以在现实世界中看到虚拟世界。通过这些设备和机器的颠覆，我们可以同时感受到虚拟世界和真实世界，如图 9-6 所示。

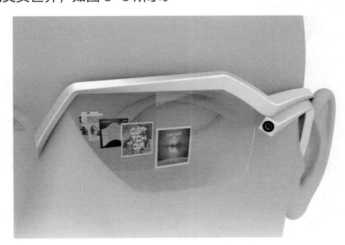

图 9-6　谷歌眼镜

（2）测量与监视工具：移动网络的不确定性和支持移动网络的云服务能够产生很难发现的性能瓶颈，而且移动设备的多样性使全面的应用测试几乎成为不可能的事情。但是"应用性能监视"的移动测量和监视工具能够提供应用行为的可见性、提供使用哪些设备或者操作系统的统计、监视用户行为，以便确定成功地利用了哪一个应用程序的性能。

（3）更多更好的用户体验：随着技术的不断发展，用户体验与之前相比也上升了一个档次。高级移动用户体验设计是采用各种新技术和方法来实现的，如"安静的"设计、动机设计和"好玩的"设计等。例如，使用 Wi-Fi、图像、超声波信号和地磁等技术，进行室内定位，如图 9-7 所示。

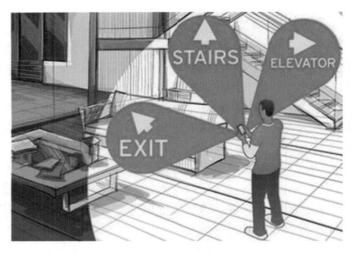

图 9-7　室内准确定位

9.2.3　无线通信技术

通信技术是移动互联网中至关重要的一环，从 2G 到 3G 再到 4G 和 5G 的发展历程，都显示了移动互联网通信技术的进步。

（1）2G 通信技术：即第二代手机通信技术，一般只具有通话和一些如时间、日期等传送的手机通信技术规格，手机短信在它的某些规格中能够被执行，但是无法直接传送如电子邮件、软件等信息。

（2）3G 通信技术：即第三代移动通信技术，是指支持高速数据传输的蜂窝移动通信技术。

3G 服务能够同时传送声音及数据信息，速率一般在 100Kbps 以上。目前 3G 存在 3 种标准：CDMA2000、WCDMA、TD-SCDMA。

（3）4G 通信技术：即第四代移动通信技术，是在 3G 技术基础上的一次更好的改进。它将 WLAN 技术和 3G 通信技术进行了很好的融合，使图像传输速度更快，且图像的质量更高、更清晰。4G 通信技术使用户的上网体验更加流畅，速度能够达到 100Mbps。

4G 能够以 100Mbps 以上的速度下载，比目前的家用宽带 ADSL(4Mbps) 快 20 倍，并能够满足几乎所有用户对于无线服务的需求。此外，4G 可以在 DSL 和有线电视调制解调器没有覆盖的地方部署，然后再扩展到整个地区。

4G 通常被用来描述相对于 3G 的下一代通信网络。国际电信联盟 (ITU) 定义的 4G 则为符合 100Mbps 传输数据的速度，达到这个标准的通信技术，理论上都可以称之为 4G。其具有费用便宜、智能性高、通信速度快、通信灵活、高质量通信、兼容性好、提供增值服务、网络频谱宽、频率效率高等特点。

（4）5G 通信技术：即第五代移动通信技术，是最新一代蜂窝移动通信技术，也是在 4G、3G 和 2G 通信技术基础上的扩展。5G 的特点是速度快、延迟低、能扩大系统容量，实现大规模设备的连接。

2019 年 11 月，3 大运营商正式上线 5G 商用套餐，标志着 5G 正式商用。如图 9-8 所示，为通信技术的发展历程。

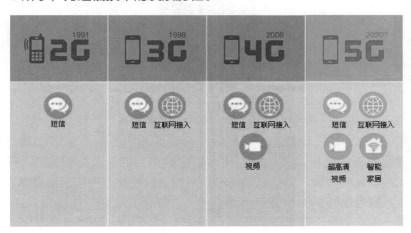

图 9-8　通信技术的发展历程

9.2.4　主要应用技术

随着无线通信技术的发展，移动终端日益普及，移动互联网应用技术也在不断地提升和发展，主要有以下几种应用技术。

（1）HTML 5：HTML(Hyper Text Markup Language) 即超级文本标记语言，它通过标记符号来标记要显示的网页中的各个部分，网页文件本身是一种文本文件，通过在文本文件中添加标记符，可以告诉浏览器如何显示其中的内容。

浏览器按顺序阅读网页文件，然后根据标记符解释和显示其标记的内容，对书写出错的标记将不指出其错误，且不停止其解释执行过程，编制者只能通过显示效果来分析出错原因和出错部位。

但对于不同的浏览器，对同一标记符可能会有不完全相同的解释，因而可能会有不同的显示效果。

HTML 5 则是超级文本标记语言 (HTML) 的第 5 个重大修改，对于移动应用便携性意义重大，随着 HTML 5 及其开发工具的成熟，移动网站和混合应用的普及将增长。尽管有许多挑战，但是 HTML 5 对于提供跨多个平台的应用机构来说是一个重要的技术，如图 9-9 所示。

图9-9　HTML 5是移动应用的重要技术

（2）新的Wi-Fi标准：随着机构中出现更多的具有Wi-Fi功能的设备、蜂窝工作量转移的流行以及定位应用需要密度更大的接入点配置，对于Wi-Fi基础设施的需求将增长。新标准和新应用所需要的性能产生的机会要求许多机构修改或者更换自己的Wi-Fi基础设施。

最新一代的Wi-Fi技术是Wi-Fi 6，即第6代无线网络技术，如图9-10所示。Wi-Fi 6可以和多个设备进行通信，速率可达9.6Gbps。2019年9月，Wi-Fi联盟启动Wi-Fi 6认证计划。

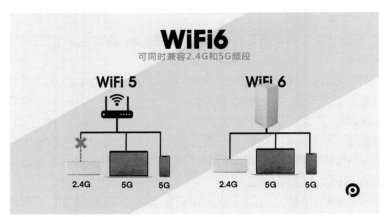

图9-10　Wi-Fi 6

（3）LTE和LTE-A：LTE(Long Term Evolution，长期演进)是由第3代合作伙伴计划组织制定的通用移动通信系统技术标准的长期演进，在第3代合作伙伴计划多伦多TSG RAN#26会议上正式立项并启动。

　　LTE 和接替它的技术 LTE-A 是提高频谱效率的蜂窝技术，从理论上可将蜂窝网络的最大上载速度提高到每秒 1GB，同时减少延迟。所有的移动用户都将从改善的带宽中受益，优越的性能和 LTE 广播等新功能将使网络运营商能够提供新的服务。

　　（4）Mobile Widget 技术：在互联网领域中，Widget 是一种采用 JavaScript、HTML、CSS 及 Ajax 等标准 Web 技术开发的小应用，具备体积小巧、界面华丽、开发快捷、用户体验好、资源消耗少等优点。

　　根据 Widget 运行终端的差异，Widget 可分为 PC Widget 和 Mobile Widget，如图 9-11 所示。

图 9-11　Mobile Widget

　　Widget 是运行于 Widget 引擎之上的应用程序，它由 Web 技术来创建，用 HTML 来呈现内容，用 CSS 来定制风格，用 JavaScript 来表现逻辑。Widget 应用汲取了基于 BS 和 CS 架构应用的各自优点。

　　它并不完全依赖网络，软件框架可以存在本地，而内容资源可以从网络获取，程序代码和 UI 设计同样可以从专门的服务器更新，保留了 BS 架构的灵活性。

　　基于 Web 技术的特征，使得 Mobile Widget 具有跨平台运行、技术门槛低、用户体验佳的特点。

9.3　案例介绍：移动互联网的应用领域

　　随着科技的不断发展，智能手机早已成为当代人生活中必不可少的部分，基于手机的应用也越来越多。下面笔者就来介绍移动互联网在各领域的应用案例。

9.3.1 智能家居方面

移动互联网与物联网的结合发展，使得手机远程控制家居成为可能，大多数的智能家居系统已经用于洋房、别墅、公寓等高级住房。通过手机，用户可以控制家中的一切家电，如图9-12所示。

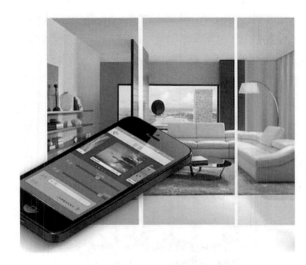

图9-12 手机控制智能家居

现在具备互联网功能的手机都已经开发了手机智能家居系统软件，只要通过下载相应的智能家居客户端软件，不管是手机还是电脑，都可以用来控制家电。

例如，通过Android开发的AutoHTN可以控制家居照明、空调、燃气泄漏检测器、监控摄像头、电视机、DVD等。

以上几个例子是Android手机在智能家居系统中的一些实际应用案例，手机智能家居系统软件最终将成为智能家居系统中的主流产品。

9.3.2 智能交通方面

某公司经过研究，提出了一种基于移动互联网的智能交通信息服务系统。目前该项目已与中国电信河南分公司进行试点合作应用，性能稳定，在智能交通服务领域拥有不错的推广应用价值。

该系统是在无线视频监控系统的基础上，把道路视频资源与公众交通出行需求相结合，为手机用户提供准确、实时、直观的道路交通信息服务。

用户在本城市行车或行走路途中，通过手机便可以进行所在位置周边交通信息查询、最佳路线查询、所在位置周边公交地铁信息和实时到站信息查询等，如图9-13所示。

图 9-13　智能交通信息服务系统

从图 9-13 中也可以看出,手机用户可以通过访问客户端软件,查看整个城市的路况图片,查询城市主要路桥的实时路况、高速路事件信息、指定起始点间的最优行车路线和预测行车时间等,为广大用户提供更加丰富、全面的交通路况服务,充分满足客户的交通出行需求。该系统的功能如表 9-2 所示。

表 9-2　移动互联网智能交通信息服务系统的功能

功　能	说　明
道路信息查看	用户可通过客户端预先或实时查看行驶路线的道路交通视频,随时了解道路交通信息
交通服务信息查询	客户端会提供局部天气、加油站、违章情况等交通服务信息
动态路况播报	通过用户定位,可根据行驶路线主动对前方线路拥堵情况进行提醒,提供文字、语音、图像等形式的拥堵信息播报
线路提醒定制	用户可以定制线路路况提醒服务,系统将会根据用户的定制情况,每天定时对选定线路的路况信息进行主动播报
停车场空位提醒	系统能够获取城市主要停车场的位置和动态空位信息,根据用户目的地和行驶线路,主动用语音提醒目标停车场空位信息
停车诱导系统	通常有两级停车诱导,一级停车诱导是大区域的信息服务和停车诱导,为交通出行者提供目的地区域的停车设施分布、距离远近和停车设施当前的利用状态等信息,以便出行者选择交通方式和停车区域;二级停车诱导是对具体停车设施的路径进行诱导以及提供停车设施当前的使用情况信息,便于出行者选择和顺利到达停车场

续表

功　能	说　明
公交信息服务系统	包括 3 类交通信息服务：系统中公交车辆行驶状态信息；公交车辆营运信息；相关道路系统和换乘系统的交通状况信息。公交信息服务系统能够在公交利用者需要信息的时间和地点提供所需内容的信息，使公交利用者有足够的判断依据
公交站台服务系统	包括交通地理信息查询系统、电子站牌系统和候车基础设施等。交通地理信息查询系统以交通 GIS 为基础平台，为出行者提供各种公共交通信息和服务信息，使乘客从等车到乘坐公交车抵达目的地的整个过程均能获得所需要的信息。 电子站牌包括通信接收模块和数据处理模块，通过无线或有线系统与监控调度中心连接，其基本功能是向乘客提供公交车辆的运行状况

9.3.3　智能旅游方面

自助游，一切都要靠自己，包括交通住宿和合理规划出行路线等这些问题，旅游类的 App 都可以帮用户解决。机票网购、酒店地址、门票紧张等问题都不再是难题，一款旅游攻略类 App 轻松搞定。

国内比较火的旅游软件有去哪儿、途牛、携程，有了旅游攻略类 App，不需要旅行社，自己上路也很放心，如图 9-14 所示。

图 9-14　旅游 App

一个人在路上，每部手机上的必备软件肯定包括地图 App。除此之外，现在在社交、购物、游戏等类别的 App 中也会添加地图定位功能，有了这些软件的帮助，再也不用担心一个人旅游会迷路了。

出门在外，天气信息的查询极其重要。这时，天气信息查询 App 就会来帮你。每天出门之前，用软件查一下当地的天气预报，如果是晴天，就做好防晒措施；如果是下雨天，就准备好雨具出行，既方便又实用。

这类软件除了天气预报外，还具备其他功能，如有些软件会在首页中显示温度、紫外线强度、风向风力等内容，同时在生活一栏中可以知晓当日适合做的事情以及旅游行程提醒等信息。

9.3.4　智能办公方面

5G 时代的来临，"移动办公"应具备低成本、易维护、易推广、高集成的特点。现在"移动办公"的业务方式主要有以下两种。

- 一种是移动代理服务器方式，该方式虽说可以实现基础的短信、彩信和 WAP 互动，但是无法处理业务流等复杂功能，最重要的是，此方式维护困难，运营成本太高。
- 另一种是应用数据中心方式，该方式需要替换企业原有管理系统，推广成本高，产品不能完全符合企业对管理软件的需求。

中国联通建设的北京联通移动办公平台，是专门针对行业、企业需求特点开发的移动行业应用产品，为用户大大提高了工作效率并带来更多的价值，真正赢得了用户的忠诚，给联通以及整个产业带来了经济利润，保证了产业的健康持续发展。

北京联通移动办公平台包括移动办公、企业端管理门户、联通端管理门户 3 个功能模块。

移动办公主要为企业客户提供移动办公的相关功能模块，用来支持企业原有办公系统移动化或快速定制新的业务功能。

企业端管理门户是企业通过专线或公网连接北京联通行业应用移动化接入平台，做相关的设置、维护，保证系统正常运行；联通端管理门户则是保证北京联通内部管理人员维护平台的正常运行、企业账户的开通维护、平台各种运营数据的统计和分析的一项应用。

企业 IT 管理员以及 IT 服务厂商均可通过行业应用移动化接入平台定制适合自身业务发展所需的办公系统，随着业务状况及客户需求的不断变化，企业与服务商均可对应用进行相应的调整。

同时，企业的现有办公应用也可以通过系统中的行业应用 API 接入模块与移动服务主控模块进行连接，在不改变企业现有办公应用的情况下，为企业提供强大的移动增值能力。

行业应用移动化接入平台中的移动功能模块（短信交互模块、彩信交互模块），通过与运营商的在信网关、彩信网关连接，可以为用户提供更为丰富的移动增值服务。这样在由行业应用移动化接入平台承载的应用中，用户除了可以像往常一样通过 PC 访问以外，还可以通过手机客户端、WAP、SMS 等多种方式访问应用。

9.3.5 在线教育方面

传统教育行业在拥有丰富的教学资源的情况下也面临着教育资源投入不足的问题，而智能教育则很好地解决了这一问题。

智能教育的表现形式就是在线教育。在线教育利用其平台优势，在缓解传统教育存在的问题的过程中又对其现有的教学资源进行了有效的应用，这是在互联网时代环境下教育行业的创新性发展，也是移动物联网的行业应用通过平台运作映射到教育行业的具体表现。

例如，新东方针对中小学幼儿园教育领域开启的在线教育平台就是该教育企业在新时代形势下的运营尝试，如图 9-15 所示。

图 9-15 新东方在线教育平台

关于新东方在线教育平台，其具体内容就是利用自身拥有的教学资源，针对中小学幼儿园教育领域开展移动终端、线下课堂、PC 端等多端口的互动。

新东方在线教育平台的多端口互动是移动物联网的典型应用，它通过在教育领域的创新发展，推进了移动物联网应用的扩展。

9.3.6 健康医疗方面

据国外媒体报道，黑莓公司买入少量健康科技公司 NantHealth 的股份，目前正与其联手合作一款侧重医疗保健的智能手机。也就是说，这款手机除了能看电影、玩游戏、购物消费等，还能查看 CT 扫描片与 3D 图像等，如图 9-16 所示。

图 9-16　黑莓智能医疗手机

黑莓公司是智能机领域的先驱，近年来在不断地寻求业务转型，力图探索新的发展点，进一步吸引政法、银行等大客户。

有数据显示，NantHealth 的总部位于加利福尼亚，目前搭建的云信息平台已经覆盖了 250 多家医院，并连接了 16000 多部医疗设备。NantHealth 的负责人表示，与黑莓的合作将进一步拓宽其服务基础。

黑莓公司相关负责人表示："此次投资极具前瞻性，而且对于黑莓的发展显得至关重要。"此次入股 NantHealth，主要是看中了健康领域的发展前景，而且黑莓的隐私保护及数据安全的优势也能与 NantHealth 的产品及经营理念相辅相成。

9.3.7　手机支付方面

移动支付已经不是一个新兴概念。移动支付也称为手机支付，就是允许用户使用其移动终端对所消费的商品或服务进行账务支付的一种服务方式。

现在，通过手机实现的移动支付方式，已成为最接近人们日常使用习惯和消费习惯的移动支付方式，移动支付带来了"消费新时代"，如图 9-17 所示。

移动支付主要分为近程支付和远程支付两种。所谓近程支付，就是用手机刷卡的方式坐车、买东西等，很便利。远程支付是指通过发送支付指令（如网银、电话银行、手机支付等）或借助支付工具（如通过邮寄、汇款）进行的支付方式。

图 9-17　移动支付

例如，厦门移动联合具备小额支付应用平台、金融行业管理、应用软硬件开发经验和 RFID 卡运营维护经验的业务合作伙伴，面向集团客户和个人客户提供基于 SIMpass 技术的移动电子商务和重点行业移动信息化服务，使手机从通信工具变成生活必需品，具体功能如下。

（1）基于手机的身份识别：适用于基于 ID 系统的企业门禁、企业考勤签到、企业内小额消费等应用。

（2）基于手机的移动支付：可应用于厦门各个 e 通卡（基于 SIMpass 技术的移动支付产品）能够消费的场所，例如：公交车、的士、超市、糕点店、餐饮、电影院等各类消费场所。如图 9-18 所示，为手机移动支付。

图 9-18　手机移动支付

（3）基于手机的充值方式：分为本地充值和远程空中圈存，本地充值是通过移动 e 通卡的非接触功能实现对电子钱包的充值；远程空中圈存则是通过绑定手机号、银行账号及 e 通卡账户方式设立扣款账户，可通过手机 STK 菜单中的"钱包充值"选项，经 e 通卡空中圈存平台与指定银行完成电子钱包的充值。

（4）STK 菜单增值服务：移动 e 通卡增加了 STK 菜单功能，通过手机 STK 菜单能够轻松地实现 e 通卡账户的余额查询、消费记录查询等功能。

未来，配备了厦门移动 SIMpass 卡的手机将具备银行卡、公交卡、企业管理卡等多种功能，客户出行只需携带手机即可进行小额消费、身份识别、企业门禁、考勤签到等应用。

而电子支付的实现，正是因为物联网的强大魅力，电子支付得到了社会企事业单位的广泛应用，相信在不久的将来就会是物联网的天下了！

9.3.8 智慧零售方面

位于美国内布拉斯加州的一家新型家具门店，面积超过 42000 平方米，主营家具、电器、电子产品，里面不仅品种丰富，且整个门店全部采用了电子价签。

这是一家位于法国巴黎的大型家乐福超市，家乐福致力于使他们的顾客购物体验做到最好。所以他们不断地寻求提高，通过采用创新技术提升客户的体验，整个店铺也采用了电子价签，如图 9-19 所示。

图 9-19 商品的电子标签

生活在城市中的人们，对时间和促销很敏感，他们不想在店里浪费不必要的时间，并在不断地寻求最好的客户体验。对他们来说，最好的、最愉快的购物体验就是高效和简化。

家乐福 Villeneuve la Garenne 的大卖场清楚地认识到了这一点，于是着手改善，他们联系 Pricer（全球最大的电子价签公司）携手开发了手机购物、图形智能标签及电子货架标签的零售解决方案。

由 Pricer 提供一个解决方案，使家乐福与他们的客户能通过智能手机和电子价签与客户进行互动，而家乐福创建移动应用程序，称为"C-où"，Android 和 iOS 系统都可以用，允许客户创建"购物清单"并搜索产品，这意味着顾客能够在来商店之前将选好的东西放进购物车，该 App 还能根据放置在购物车中的食品自动生成食谱。这个方案还包括店内定位，一旦顾客进入店铺，该方案就能帮助客户找到任何产品，并且通过店内导航优化购物路线。

据了解，家乐福 Villeneuve la Garenn 大卖场安装有 55000 多个带有 NFC 功能的 ESL，这不仅能让商品的价格自动统一，还可以让使用 NFC 智能手机的货架标签无处不在。顾客甚至可以通过他们的手机为商品"点赞"，而商品所获得的"赞"会在标签上显示出来。

ESL 标签将商品的数据库和手机应用软件连接在一起，确保没有价格差异并且商品在商店的位置更加准确，顾客在应用软件上能直接看到商品准确的价格并且在货架上能准确地找到它。

第 10 章

移动物联网的安全与应用

学前提示

如今，移动物联网无处不在，从各类移动软件的开发商到硬件商再到运营商，参与者的数量与规模巨大，无人不想抢占移动物联网这一块大蛋糕。移动物联网的应用范围也非常广泛，涉及人们生活的各个方面，其在未来还将有巨大的发展空间。

10.1　全面发展：移动物联网的主要应用

　　从移动互联网应用的角度来看，全新的电信业务已经展现在人们面前，移动互联网应用缤纷多彩，娱乐、商务、信息服务等各种应用开始渗入人们的日常生活。手机游戏、视频通话、移动搜索、移动支付等移动数据业务开始带给用户新的体验。

　　手机客户端是嫁接商家和客户手机的最佳桥梁，它能够让消费者随时随地了解商家，商家也可以随时随地推广自己的服务与产品。移动物联网与移动互联网是相互交融的。笔者先来介绍一下移动互联网的具体应用。

10.1.1　手机游戏

　　手机游戏是移动互联网比较成熟的应用之一，它具有随身随时随地可以玩的特点。近年来，随着智能手机的不断发展，手机游戏市场也吸引了越来越多的用户参与。

　　当然，随着科技的不断发展，手机游戏开发商也在不断地引入新的技术来扩大手机市场，物联网技术便是现代游戏开发商的第一选择。盛况科技推出的全国首款智能电视娱乐物联网手机——小韩手机，这款手机就是融合物联网和移动互联网技术，给广大"游戏迷""电视迷""宠物控"带来了精彩的手机游戏。

　　小韩手机可以轻松地将游戏、音乐、图片、视频点播同步分享到多种媒体设备上，如电视、电脑、投影仪等，如图 10-1 所示。

图 10-1　手机游戏同步分享

　　从技术方面来看，该手机配备了 cortexA91GHZ 芯片，1850 mA·H 超容量电池，4.3 英寸超大屏幕，采用感应触摸按键设计、多点触控、灵敏触控，使用户的手感更佳、操作更流畅。

内置最新研发高清晰度音视频传输芯片，标配盛况自主研发的音视频传输器，轻松实现手机内容电视终端传输，支持标清制式音视频传播模式，特别是该手机搭配了一个 POMPHTV 接收器，支持所有的电视、大部分投影仪、音箱及音响等终端设备，轻松实现链接操控，因此实现手机游戏的同步分享是非常简单的事情。

手机游戏与物联网技术的融合将是未来手机游戏发展的必然趋势。与电脑相比，手机的处理能力和运行能力都相对较弱，这也加快了各游戏开发商将手机游戏结合物联网技术的开发步伐，现在已经有将属于物联网技术之一的蓝牙技术运用到手机游戏中的事例了。

在此之前，蓝牙技术一般都只用于手机与其他蓝牙设备间传输数据，但是现在通过不断的研究，已经有开发商运用蓝牙技术组建网络进行游戏，可解决现有无线网络中传输不稳定且资费过高等问题。

10.1.2 支付转账

（1）移动支付：随着 3G 技术的兴起和发展，带来了移动电子商务的兴起，手机成为更便捷的交易终端。

电子商务发展所需要的技术及物流服务在这几年都得到了飞速发展，物流是电子商务得以进行的保障，没有物流业的发展，网上交易就无法进行。

整个移动价值支付链包括移动运营商——支付服务商（银联、银行等）——应用提供商（公交、公共事业等）——设备提供商（芯片提供商、终端厂商等）——系统集成商——商家和终端用户。

移动支付分为非现场实时支付和现场实时支付。非现场实时支付一般通过短信方式发起交易请求，支付速度具有明显的时间延迟，手机银行、手机购物等均属于此类非现场实时支付。

另一类则是现场实时支付，多用于一卡通应用领域。像在公共汽车交通领域需要现场实时支付交易，通过手机，在相应的消费终端（各类读卡器）前刷一下，即可轻松快速地完成支付交易。

目前，此类应用以智能卡技术为基础，智能卡与手机结合在一起，具有交易安全、迅速的特点，是目前手机支付的发展趋势。移动支付是在线支付的一种扩展，而且更容易、更方便。不仅如此，安全性的增加也是其高速发展的一大原因。

（2）移动转账：使用短信息服务汇钱。这一业务与传统转账业务相比，成本更低、速度更快、便利性更高。

这一业务推出后也会面临挑战，包括管制和运营风险。由于移动转账发展很快，在管制方面，很多市场的管制者都会面临用户成本、造假、安全、洗钱等方面的问题。在运营方面，运营商要进入新的市场，根据市场条件的变化、业务运营商本地资源的运作，要求运营商采用不同的战略。

10.1.3　移动搜索

移动搜索的最终目的是促进手机的销售和创造市场机会，它对技术创新和行业收入有很大的影响力，用户会对一些移动搜索保持忠诚度，而不是只选择一家或两家移动搜索运营商。

艾瑞 iClick 社区调研数据显示，用户搜索的主流方式仍是浏览器搜索、导航网站搜索和搜索网站直接搜索。导航网站除了搜索框外还是许多生活服务网站的入口，如购物、彩票和电信充值等。所以导航网站在中国的渗透率比较高。

搜索引擎本身的品牌知名度和用户的使用习惯会促使用户通过搜索网站直接搜索，所以浏览器搜索、导航网站搜索框和搜索网站成为主流的 3 种搜索途径。

10.1.4　移动广告

移动广告是通过移动设备（手机、平板电脑、PSP 等）访问移动应用或移动网页时显示的广告，广告形式包括文字、图片、插播广告、链接、HTML 5、视频、重力感应广告等。

移动广告是在移动互联网上实现内容套现的重要方式，可为终端用户提供免费的应用和业务。移动渠道将被用于各种媒体，包括电视、广播、印刷和室外广告的场地，如图 10-2 所示。

图 10-2　手机移动广告

移动广告的功能特点如表 10-1 所示。

表 10-1　移动广告的功能特点

功　　能	简　　介
即时性	手机的随身携带性比其他任何一个传统媒体都强，所以手机媒介对用户的影响力是全天候的，广告信息到达也是最及时、最有效的
互动性	广告主能更及时地了解客户的需求，使消费者的主动性增强，提高了自主地位
精准性	可根据用户的实际情况将广告直接送到用户的手机上，真正实现"精致传播"
整合性	得益于 3G 技术的发展速度，手机广告可以通过文字、声音、图像、动画等不同的形式展现出来。手机除了是一个文本通信设备外，还是一款功能丰富的娱乐工具，也是一种即时的金融终端
扩散性	扩散性即可再传播性，用户可以将自认为有用的广告转给亲朋好友，向身边的人扩散信息或传播广告
可测性	对于广告主来讲，手机广告相对于其他媒体广告的突出特点，还在于它的可测性或可追踪性，使受众数量可准确统计

在全球经济衰退的情况下，各地区的移动广告业务继续增长，智能手机和无线互联网的使用增加，促进了移动广告业务的发展。

10.1.5　移动定位

移动定位是指通过特定的定位技术来获取移动手机或终端用户的位置信息（经纬度坐标），在电子地图上标出被定位对象位置的技术或服务，如图 10-3 所示。

图 10-3　手机移动定位

定位业务是通过电信移动运营商的无线电通信网络或外部定位方式获取用户的位置信息，在地理信息系统平台的支持下，为用户提供相应服务的一种增值业务。

移动定位技术的应用已经越来越广泛，它的高用户价值使其有能力满足各种需求。专门的移动定位系统可以用来对物品、人员等进行定位，以满足移动办公、移动执法、物流业、运输业、旅游业、国土资源调查等行业的定位需求。

10.1.6　健康监控

移动健康监控是使用 IT 和移动通信实现远程对病人的监控，还可以帮助政府、关爱机构等降低慢性病病人的治疗成本，改善病人的生活质量。

移动健康监控平台由可移动生理特征采集终端、后台专家系统和显示终端构成。它通过使用生理特征采集装置采集信息，利用无线通信技术实时传输这些采集的信息，并由移动健康监控平台依托后台专家系统对这些信息进行分析处理，然后将分析结果反馈给用户，以提示用户在日常生活中应该注意哪些事项，若有必要，还需去医院就诊并接受治疗。

移动健康监控可以使身体状况得到实时的监控，对疾病做到早发现、早诊断、早治疗。和传统的医疗方式相比，移动健康监控具有更好的实时性，且更加方便快捷，是一体化、网络化和智能化发展的必然趋势，如图 10-4 所示。

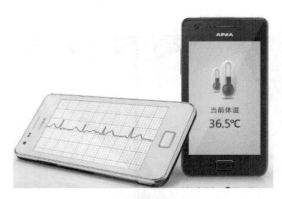

图 10-4　移动健康监控

现在，移动健康监控市场还处于初级阶段，项目建设方面到目前为止也仅是有限的试验项目。未来，这个行业可实现商用，提供移动健康监控产品、业务和相关解决方案。

10.1.7 移动会议

随着现代信息处理技术的飞速发展，各企事业单位等对办公现代化的要求也越来越高，传统的会议室已从一个单纯的以听、闻为主的交流场所，逐渐演变成为一个具有多种功能的综合性信息资源交流场所。

传统电话会议机等产品对特定终端设备及空间的固化要求，逐渐让开会变成了很多商务人士的困扰。移动电话会议已经成为众多企业不可或缺的沟通工具。

移动会议是基于移动互联网的会议系统，它使得会议从传统的纸质记录载体转化成以平板电脑和智能手机为载体的数字化、移动化的多媒体，利用智能手机的便携性，把会议从固定的会议室延伸到场外的移动终端。

移动电话会议应用一经发布，就引来了下载热潮，尤其以企业高管、律师、金融界从业者居多。

10.2 发展趋势：移动物联网的应用创新

可以说，移动物联网的发展更多的还是体现在具体的应用中。而在各行业应用领域中，只有具有创新性的理念和产品才能获得更快的发展。因而，在移动物联网的发展过程中，"创新"起着至关重要的作用，特别是先进的智能化技术的创新发展和各种理念的创新应用，这些都将成为移动物联网发展的关键点。

下面从社会创新发展应用中，详细地论述其对移动物联网的发展意义。

10.2.1 线下行业的转型变化

随着互联网技术的进一步发展，一些线下企业在不变更其业务核心模式的情形下，为了更好地实现企业发展，开始向互联网和移动互联网渗透。

对南航来说，作为国内运输航班多、航线网络密集、年客运量最大的航空公司，为了提升运营效率、降低成本、提升消费体验，南航开通了公司的微信公众号。

南航在国内推出微信值机服务，致力于为用户打造微信移动航空服务体验，用户登录微信关注南方航空公司的微信公众账号，就能享受到南方航空公司微信公众平台推出的各类服务，如机票预订、登机牌办理和航班动态查询等。

南航通过微信公众号的推出，在为用户提供更好的服务体验的同时，也推进了其融入移动物联网领域的进程。可见，线下行业的互联网渗透是企业运营的创新表现，也是其推进移动物联网发展的重要举措。

10.2.2 O2O 模式的引流关键

线上线下的双向引流作为一种新兴的营销模式，充分体现了其企业运营的创新性特征。而这一模式对于移动物联网发展的影响，就表现在其线上线下互动过程中互联网和移动互联网设备的接入与使用频率上，这分别使得移动物联网的接入范围和活跃程度加大。下面以聚美优品为例，从中感受移动物联网的行业应用和发展过程。

聚美优品是一家著名的女性团购网站，主要以品牌化妆品和护肤品为主，在其网站运营过程中，它还通过设立线下旗舰店来实现线上线下的双向引流。

从 O2O 营销模式来说，聚美优品设立线下旗舰店实现了 O2O 营销全渠道服务。一方面，聚美优品在解决消费者的信任问题上提供了有力支撑，这有利于线上与线下营销发展；另一方面，用户能够利用聚美优品 App 扫描二维码，实现线上与线下的互动。可以说，聚美优品的 O2O 营销模式是以移动互联网平台＋大数据＋二维码扫描构建成的营销模式。

同时，聚美优品的 O2O 营销也是移动物联网领域的营销应用的生动展现，具体内容如下。

- 通过移动互联网平台实现全渠道的线上线下服务。
- 利用其企业自身的大数据技术分析和搜索能力。
- 线下旗舰店内品牌 App 的二维码扫描引流营销。

10.2.3 用户的数字化生活趋势

在信息社会，人类通过制造各种各样的数字化工具来承担人们的生活功能需求，特别是智能硬件的出现与创新发展，如图 10-5 所示。

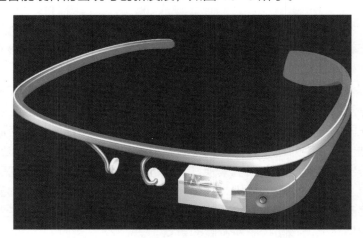

图 10-5　人外部化的智能硬件——Google project glass

Google project glass 是一款"拓展现实"的数字化眼镜，用户可以使用它实现声控拍照、视频通话以及上网冲浪等功能，这无疑会使人们的生活更加丰富多彩。

10.3　安全保障：移动物联网的风险预知

移动物联网信息安全与移动互联网十分相似，主要内容涵盖了以下5个方面。

- 机密性：移动物联网系统数据信息只有授权方，才能查看数据与分析、处理环节。
- 完整性：移动物联网系统运行时要求务必与传感器设备连接，数据传输时若意外中断，将破坏数据的完整性。
- 可控性：授权是对合法使用者赋予了系统资源的使用权限，也就是说，授权就是指权限控制。
- 可用性：可靠与安全是移动物联网系统信息的两大主要特征，只有这样，系统与数据才能安全使用。
- 不可否认性：移动物联网信息的不可否认性是指确保指定时间内事件的可查询性，并且不受权限控制影响。

只有保证以上这些关键之处的安全，才能使移动物联网更加健康、持续地发展，本节将介绍一些需要重点注意的安全问题，如感知、网络、应用等不同层次的安全。

10.3.1　不容忽视的感知安全

移动物联网感知层作为整个系统中最基础的一部分，主要负责外部信息收集，是移动物联网系统获取信息与数据的主要场所。移动物联网感知层结构主要包括RFID感应器、RFID标签、传感器网关、传感器节点、智能终端、接入网关。

通常，感知层数据采集都是使用无线网络连接与传输，十分容易被不法分子窃取隐私数据，并对其进行非法操控。

一般来说，移动物联网感知层安全威胁分为物理攻击、传感节点威胁、传感设备威胁，以及数据篡改、伪造等。

结合移动物联网感知层技术、设备分析，感知层安全需求包括5个方面。

- 机密性：大多数传感网都不属于认证和密钥管理。例如统一部署的共享一个密钥的传感网。
- 密钥协商：少部分传感网内部节点在进行数据库信息传输前需要预先知会，会话密钥。
- 安全路由：基本上所有的传感网络系统内部都需要多种类型的安全路由协助系统运行。
- 节点认证：某些传感网在进行数据传输时需要对其节点进行安全认证，降低非法节点介入的概率。

● 信誉：个别较为特殊的传感网需要对可能被攻击者控制的节点进行评估认证，以此降低安全威胁。

由于无线传感网络是移动物联网感知层代表性技术之一，因此无线网络信息安全同样值得关注，如图 10-6 所示。

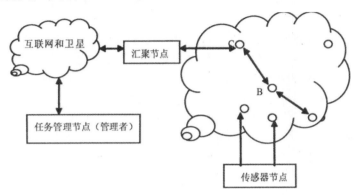

图 10-6　无线传感网络

10.3.2　时刻关注的网络安全

移动物联网网络层主要分为接入核心网络和业务网络两部分，主要职能是将感知层收集到的数据信息安全可靠地传输到移动物联网系统应用层中。在信息传输过程中，由于数据较多，也常常会有跨网络的信息传输，在这一过程中信息安全隐患离我们越来越近。下面是网络层信息安全威胁的具体内容。

● 拒绝服务攻击：移动物联网终端数据量极大，但对安全威胁防御能力却十分薄弱，攻击者常常利用这一弱势向网络发起拒绝服务攻击。

● 假冒基站攻击：通常，在移动通信网络中终端接入网络时需要单向认证，攻击者会通过假冒基站的方式窃取系统中的用户信息。

● 密钥安全：在移动物联网业务平台中，攻击者可通过窃听盗取密钥，会话过程中的防御性极低。

● 隐私安全：攻击者在突破移动物联网业务平台后，可轻松地获取受保护的用户敏感信息和数据。

移动物联网网络层结构涵盖多个网络，例如移动网、移动互联网、网络基础设施和一些专业网，同时还包括海量的用户隐私信息，因此务必最大限度地保障其内部各组织安全。如图 10-7 所示，为网络层信息安全架构。

DDoS 是一种分布式拒绝服务攻击，就是说，借助用户服务器实现多个计算机之间的联合，构建一个完整的攻击平台，实现对一个或多个目标发动 DDoS

攻击，以此增强拒绝攻击的能力。如图 10-8 所示，为 DDoS 攻击方式与技术原理。

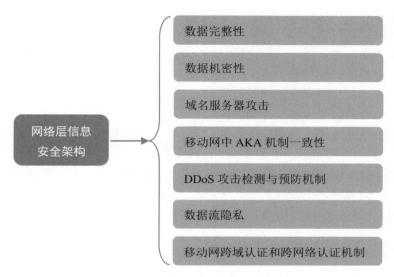

图 10-7 网络层信息安全架构

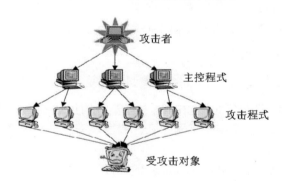

图 10-8 DDoS 攻击方式与技术原理

10.3.3 保持警觉的应用安全

一般来说，移动物联网应用层的主要安全威胁为虚假终端触发威胁，不法分子可以通过 SMS 对系统终端发出虚假信息，以此触发错误的终端操作。移动物联网应用层面临的安全难题主要包括以下几个方面。

● 如何按照访问权限对同一数据库中的数据信息进行筛选。

● 如何保护移动终端与软件的知识产权。

● 如何完成计算机取证。

- 如何实现对泄露信息的追踪。
- 如何提高对用户隐私信息的保护。

基于移动物联网应用层难题，可以对其进行以下安全机制维护，以最大限度地保障用户隐私安全。

- 多种场景的隐私数据保护。
- 有效的计算机取证技术。
- 可靠的计算机数据销毁技术。
- 有效的数据库访问控制。
- 安全的电子产品与软件产权。
- 数据泄密追踪技术。

移动物联网基础信息安全保障，是移动物联网系统运行的前提和基础，只有实现安全、可靠的基础信息系统，才能更好地服务于系统整体。与此同时，也为系统内部其他组织的运行提供了安全保障。

10.4　案例介绍：移动产品的物联网应用

随着互联网在移动设备中的延伸，移动端的软硬件产品也必然成为物联网的组成部分之一。随着移动设备的发展，其接口也越来越丰富，有线的有 USB，无线的有 Wi-Fi、红外、RFID、ZigBee 等，有了这么多的接入技术，可见移动产品在物联网中扮演着重要角色。

10.4.1　"淘米妈妈"的移动终端管理

"淘米妈妈"是淘米公司推出的国内首款双向互动的家长管理系统，其主要的功能在于帮助家长了解孩子用网时间、消费等情况，对孩子的用网行为进行管理。

但是现在"淘米妈妈"推出了移动终端的应用，且该系统已经基于 iOS 应用，同样延续了淘米妈妈的管理职能，设置了"妈妈提醒"功能，可以帮助家长管理孩子在手机、平板电脑上的在线娱乐和使用时间。

这款基于移动终端的家长应用，增强了在内容管理方面的功能，开发了"个性化推荐""产品筛选""妈妈体验"专门针对家长的模块，对现有的移动应用进行筛选和评级，整理出涵盖儿童健康、娱乐、教育等数千个优质儿童应用，分类推荐给家长，如图 10-9 所示。

用户在输入孩子的年龄、性别等个性化条件后，系统会自动推荐合适的产品。同时，可以帮助家长提前体验应用的画面音效、内置广告、付费方式，帮助家长甄别每一款应用。

图 10-9 "淘米妈妈"儿童应用

淘米拥有国内最大的儿童虚拟社区和庞大的用户数量，开始涉足移动互联网领域，已经推出了基于 iOS 系统的《摩尔庄园》和《摩尔卡丁车》。

10.4.2 移动护士工作站的应运而生

如何提升医院水平和提升医护人员的工作效率，一直是大多数医院管理者面临的难题。例如，护士在查房的时候，仍然需要用手工方式记录和录入病人的血压等常规体征，医生的医嘱工作，也需要护士多次核对纸质内容和电子内容等，这些工作在无形中增加了医护人员的工作量，并降低了效率。

随着技术的发展，移动护士工作站(Hospital Information System，HIS)应运而生。它是现有的医院信息系统在病床旁工作的一个手持终端执行系统。它以 HIS 为支撑平台、以手持设备为硬件平台、以无线局域网为网络平台，充分利用 HIS 的数据资源，实现了 HIS 向病房的扩展和延伸，同时也实现了"无纸化、无线网络化办公"，如图 10-10 所示。

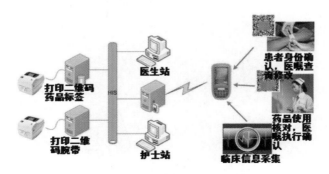

图 10-10 移动护士工作站系统

该移动医护工作站集移动嵌入式、无线局域网、标准化电子病历等技术于一体。该系统能够快速地调入病人的电子病历，查询和录入体温单和护理单，查询并录入长期 / 临时医嘱，提供负责人电子签名、表格打印等功能。不仅在使用时简化工作流程，还降低了出错的概率，保持医生和护士之间信息的一致性和同步性，其功能如下。

- 确认患者身份，查询与统计患者信息。
- 出入量的录入、累加和查询。
- 生命体征的实时采集。
- 医嘱查询、执行与统计。
- 护理质量管理记录。
- 患者护理过程的记录及护理工作量的统计。
- 耗材的录入及费用显示。
- 字典库与护理工具库。

移动工作护理站大大优化了医院的工作流程，提高了医院的工作效率。通过标识建立系统为减少护理差错打下了良好的基础，且解决了长期医嘱和护理计划执行后的签字问题，不仅加强了护理质量控制，也规范了护理行为，增强了护理人员的法制观念，加强了医护配合，提高了患者的满意度。

10.4.3 "智慧无线"的全面应用

D-Link 智慧无线是全球知名网络设备供应商 D-Link 联手移动互联网领域方案提供商阿迪通，共同推出的一款"智慧无线"系统。通过这一系统，商家可以轻松实现无线网络全覆盖，并且可以根据自身需求，引申出诸如广告推送等诸多功能。如图 10-11 所示，为 D-Link 智慧无线。

图 10-11　D-Link 智慧无线

（1）"智慧无线"在酒店行业：随着移动设备的不断普及，出差或旅行时抛弃笨重的笔记本电脑，转而使用轻便的手机来获取信息或者处理公务，已经成为新时期差旅一族的共识，"一部手机闯天下"的时代已来临。

通过"智慧无线"系统，可以拉近酒店与客人之间的距离，当客人第一次入住酒店的时候，只需通过简单的登录步骤，即可接入酒店网络，节省自己的时间，优化上网体验。

（2）"智慧无线"在商超行业：商店超市是我们日常生活的基本组成单元，商超行业的日均客流量非常庞大，这也就意味着商场在部署 Wi-Fi 网络时，要面临着更多的成本投入。

智慧无线能够颠覆商场原有的实体会员卡模式，通过移动设备，商场可以轻松地完成购物积分和最新活动推送服务。

而基于 LBS 技术的定位服务则更具价值，它可以自动搜集客人在商场内的消费行为、活动轨迹、逗留时间等，进而形成精准的大数据资源，这些资源可以为商场的下一步营销计划提供宝贵的数据支持。

（3）"智慧无线"在餐饮行业：通过"智慧无线"，连只有几张餐桌的街边小吃摊也可以拥有一套专属于自己的广告发布和客户管理系统。

部署了智慧无线系统的餐厅，无论大小，都可以在餐厅周边区域内搭建一个"电子围栏"，通过 LBS 系统，一旦客户经过这一区域，手机或 PAD 等移动设备上会自动接收到一条联网邀请信息，客人通过浏览便可决定要不要进入店里消费。

智慧无线打造的个性化网络登录平台也是餐厅不可或缺的营销利器。客人接入店中的无线网络，无须询问密码，只需输入手机号、QQ 号、微博微信账号等信息，即可自动联网，商家可以自行编辑登录平台，将自己的招牌菜式、优惠活动融入其中，用户在登录的过程中，商家的广告信息也得到了精准的曝光。

不仅如此，"智慧无线"独有的 CRM 管理功能，还有助于餐厅吸引"回头客"的光顾，客人接入网络时留存的信息，将自动录入 CRM 管理系统，餐厅可以根据这些信息，整理出客人的到店时间、消费习惯等，以便及时调整菜品的质量及价格，同时还可以向用户推送活动优惠信息，实现精准营销。

这种刚刚起步的全新营销模式，未来还将在 KTV、景区、机场、公交、营业厅等场所大展拳脚。

10.4.4　优衣库 App 的社交分享

移动互联网是一个非常广阔的领域，每个企业和自己的行业、领域结合起来，都能在上面做出一番事业来。优衣库通过移动互联网建立了自己的 App，为广大顾客提供了全新的信息。

（1）UNIQLO Calendar(优衣库日历)：UNIQLO Calendar 是优衣库提供的以日本的四季视频、音乐、天气等信息构成的新式样的免费网页版日历。iPhone 版则是一个由小型视频和音乐组成，并可管理日程表的日历软件，如图 10-12 所示。

图 10-12　优衣库日历（左图）和优衣库天气信息（右图）

UNIQLO Calendar 可结合 Google 日历和 iCal 的日程表，通过 GPS 功能显示日期、时间、天气等信息，其特点如下。

● 只需在设定中选好城市，就可以显示当地的天气概况。

● 支持横向显示。

● 可以下载更多景点影片。

● 提高品牌曝光率。

● 界面分为上下两部分，屏幕的上半部分用来播放日本景点影片，而下半部分则可以左右拖曳来显示日期、月历及时间。

● 支持 Google 日历显示，只需输入 Google Account，就可以看到日历上的内容，不过不支持事件检索。

这个 App 没有太特殊的功能，但是形式上很吸引人，整体上很容易和优衣库的整个品牌形象联系起来。

（2）UNIQLOOKS：UNIQLOOKS 是优衣库推出的社交图片分享 App，

号召用户分享自己的 UNIQLO Style，目前支持 Facebook 和人人网账户体系，支持 7 种语言，用户之间可以通过分享彼此的照片来交流，从而更好地进行服装搭配。

用户分享的每一张图片都会带有社交分享按钮，当一张图片被用户点赞越多，那么图片就越容易出现在优衣库官方页面的上面，如图 10-13 所示。

图 10-13　UNIQLOOKS

这个社交应用软件，主要就是用来让人们分享他们的优衣库风格，能够让用户自己动起来，帮助品牌去传播，比企业自卖自夸要好很多。

10.4.5　便捷随心的移动办公云平台

移动 OA(Office Automation) 即移动办公自动化，是利用无线网络实现办公自动化的技术。

移动 OA 将原有 OA 系统上的日程、通讯录、公文、文件管理、通知和公告等功能迁移到手机，让用户可以随时随地进行掌上办公，对于突发性事件和紧急性事件有极其高效和出色的支持，可以摆脱时间和空间对办公人员的束缚，提高工作效率，加强远程协作。

例如，山东移动和中移全通系统集成有限公司联合推出的一个运行稳定、适应长远发展的网络和办公云平台——政企客户服务移动办公云平台。该平台采用 SaaS 模式的软件架构，实现系统云端部署，多家企业共用一个平台的思想。

企业不需要购买任何硬件设备，即可实现办公自动化，实现流程规范化、办公无纸化，并且方便管理，提高了办公的效率和质量，建立了政府快速、高效办事的绿色通道。

该平台包括基于PC浏览器的版本和基于手机的版本。通过移动的通信网络，企业的员工通过手机客户端、PC浏览器等方式随时随地使用通讯录、公文流转、日程管理、即时沟通、企业资讯等功能，如图10-14所示。

图 10-14　移动 OA

政企客户服务移动办公云平台的实现使企业的工作效率明显提高，使员工工作更加简化，使信息获取更加容易，使决策制定更加准确，使管理变得更加灵活、科学，从而最终提高综合竞争能力。

政企客户服务移动办公云平台具有以下优点。

（1）促进内部人员的有效业务交流和沟通。

（2）实现管理者对工作人员工作情况的考察。

（3）保证政府部门人员对业务的有效管理。

10.4.6　苹果公司的 carplay 智慧系统

carplay是美国苹果公司发布的智慧交通车载系统，利于移动物联网技术与智慧交通系统之间的无缝连接，将iOS设备与仪表盘系统结合，为用户提供智慧交通服务，如图10-15所示。

与苹果其他设备相比，苹果carplay更加注重于智能语音技术研发，与蓝牙耳机一样，carplay智能语音技术最大限度地保障了驾驶者的安全，是智慧交通的重要体现。

图 10-15　苹果公司 carplay 系统

10.4.7　智慧移动景区旅游平台

随着时代的发展，用户使用网络的入口早已脱离了普通的 PC 端，开始进军移动手机等设备了，移动互联网与智慧旅游相融合，能够使用户更加方便快捷地获得旅游信息。

深圳东部华侨城是国内首个集观光旅游、休闲度假、科普教育、生态探险等主题于一体的大型综合性国家生态旅游示范区，主要包括大峡谷生态公园、云海谷体育公园、茶溪谷休闲公园、华兴寺、主题酒店群落、天麓大宅 6 大板块，体现了人与自然的和谐共处。

"智慧旅游"的概念随着近几年"智慧地球""智慧城市"的兴起，也逐渐进入大众视野。

它是利用云计算、物联网等新技术，通过互联网和移动互联网，借助便携的终端上网设备，主动感知旅游资源、旅游活动、旅游经济、旅游者等方面的信息，及时发布，让人们能够即时了解这些信息，及时安排和调整工作与旅游计划，从而达到对各类旅游信息智能感知、方便利用的效果。

智慧旅游的建设与发展最终将体现在旅游管理、旅游服务和旅游营销 3 个层面。现在各大企业平台都逐渐运用物联网技术开发了属于自己的"智慧旅游"移动设备平台，东部华侨城自然也不例外。

东部华侨城紧跟用户走向，全面开发智慧移动设备平台，在界面上充分考虑到了景区的需求。

因基于现用户追求绚丽效果与萌文化的考虑，设计者也在设计中采用动漫插图的形式为首页增添新的光彩。同时也为了实时与景区结合而设计出独特的 Banner 主题页，让用户紧跟景区的动态，增强营销效果。为了整体风格，设计者统一采用了"扁平化"的界面风格，为东部华侨城定制图标，如图 10-16 所示。

不仅如此，东部华侨城还实现了移动电商与电脑端订票平台的互通，如图 10-17 所示。

图 10-16　定制图标

图 10-17　订票平台

移动手机端电商平台已经与电脑端电商后台正式打通，使得景区管理者能够即时分享到不同来源端口的数据资料，为日后的运营提供了便利。从中我们可以看出，未来旅游业将会越来越智能化，且会与移动互联网形成一种独特的、交错相连的依存关系。

第 11 章

物联网在其他领域的应用

学前提示

前面讲了物联网在多个行业和领域的应用，但物联网发展至今，其应用范围远不止于此。所以本章介绍可穿戴设备、智能建筑、智能零售和智慧校园领域的物联网应用案例，以及物联网和 5G 的相关内容。

11.1　先行了解：其他领域的基础概况

随着物联网技术的发展，其应用领域不断扩展，在众多行业和领域都有涉及。前面笔者介绍了物联网在智能家居、智慧城市、工业、农业、电网、物流、交通、医疗、环保、安防等领域的应用，本节笔者从可穿戴设备、智能建筑、智能零售以及智慧校园这 4 个方面来对物联网的应用领域进行补充和完善。

11.1.1　可穿戴设备

可穿戴设备是物联网技术应用的一个重要领域，也是除智能家居外，和人们日常生活联系密切的行业。下面笔者从概念、类型和问题这 3 个方面来为大家介绍可穿戴设备的相关内容。

1．详细概念

可穿戴设备就是可以直接穿在身上，或者整合到衣服和配件中的便携式设备。它不仅是一种硬件设备，更是物联网技术应用的典型体现，可穿戴设备给人们的生活和感知方式带来了巨大的变化。

笔者在第 9 章介绍移动终端设备时，简单地提到过可穿戴设备。可穿戴设备的发展始于 2012 年，在这一年谷歌眼镜发布，因此被称为智能可穿戴设备元年。此后，各大企业纷纷进军可穿戴设备市场，研发和推出了自家的可穿戴设备产品。

2．产品类型

可穿戴设备的产品类型主要有 4 类，如图 11-1 所示。

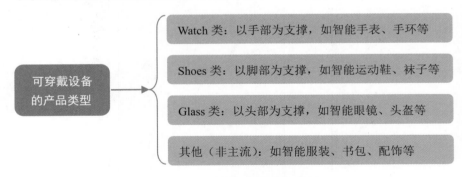

图 11-1　可穿戴设备的产品类型

3．问题挑战

可穿戴设备虽然发展火热，给人们带来了更好的生活体验，深受大众的喜爱，但是，在可穿戴设备发展和应用的过程中还存在不少问题，如图 11-2 所示。

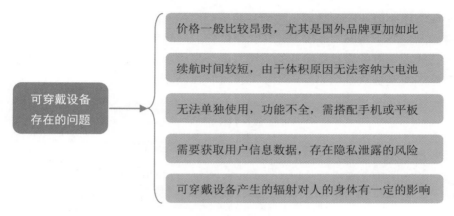

价格一般比较昂贵，尤其是国外品牌更加如此

续航时间较短，由于体积原因无法容纳大电池

可穿戴设备
存在的问题

无法单独使用，功能不全，需搭配手机或平板

需要获取用户信息数据，存在隐私泄露的风险

可穿戴设备产生的辐射对人的身体有一定的影响

图 11-2　可穿戴设备存在的问题

11.1.2　智能建筑

　　智能建筑是指通过把建筑物的结构、系统、服务以及管理按照客户的需求进行优化组合，进而为客户提供便利和舒适的生活环境。智能建筑是建筑智能化的结果，也是物联网技术应用的产物。如图 11-3 所示，为智能建筑。

图 11-3　智能建筑

　　由于我国城镇化建设的不断推进，给智能建筑的发展提供了有利条件，目前我国智能建筑领域正处在快速发展阶段，随着物联网技术的进步和应用深度的扩展，智能建筑的市场前景非常广阔。

11.1.3 智能零售

智能零售是利用物联网等技术来分析用户的消费习惯，预测消费趋势，从而引导商品生产，为用户提供多元化、个性化的产品和服务。

智能零售是未来零售行业的发展方向，是将线上和线下进行融合的结果。智能零售的发展要从 3 个方面入手，如图 11-4 所示。

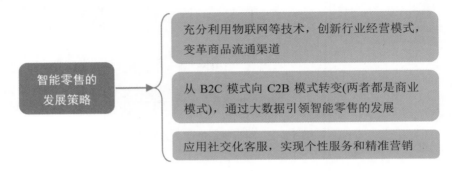

图 11-4　智能零售的发展策略

我国零售行业经历了 3 次变革，第一次是实体零售，第二次是虚拟零售，第三次是正式智能零售。智能零售对零售行业的影响有以下几点，如图 11-5 所示。

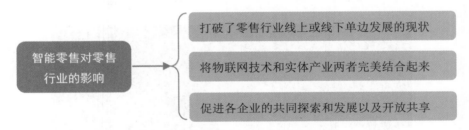

图 11-5　智能零售的行业影响

11.1.4 智慧校园

智慧校园是基于物联网的智能化校园工作、学习以及生活一体化环境，它以各种应用服务系统为载体，把教学、科研、管理以及校园生活融为一体。

2018 年 6 月，国家标准《智慧校园总体框架》发布，同年 12 月，西安市教育局发布了中小学智慧校园建设标准，并启动了中小学智慧校园的创建工作。

智慧校园以促进信息技术和教育融合、提高教学质量和效果为目的，通过物联网等技术，为广大师生提供智能化、数据化和一体化的教学、管理和生活服务，并对教学和管理情况进行了预测。

如图 11-6 所示，为智慧校园。

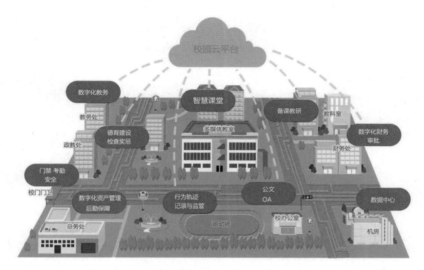

图 11-6　智慧校园

智慧校园是由数据中心、智慧校园基础设施和智慧性资源，以及 8 种智慧校园应用系统组成。这 8 种智慧校园应用系统如图 11-7 所示。

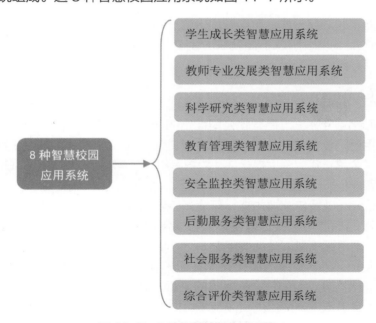

8 种智慧校园应用系统

- 学生成长类智慧应用系统
- 教师专业发展类智慧应用系统
- 科学研究类智慧应用系统
- 教育管理类智慧应用系统
- 安全监控类智慧应用系统
- 后勤服务类智慧应用系统
- 社会服务类智慧应用系统
- 综合评价类智慧应用系统

图 11-7　8 种智慧校园应用系统

智慧校园有以下 3 个核心特点，如图 11-8 所示。

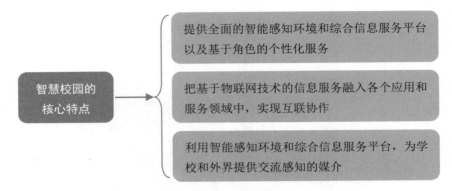

图 11-8　智慧校园的核心特点

11.2　应用案例：其他领域的典型表现

介绍完可穿戴设备、智能建筑、智能零售和智慧校园的基础概况之后，本节笔者就来介绍物联网在这 4 个领域的具体应用案例。

11.2.1　可穿戴设备的产品介绍

和智能家居产品一样，可穿戴设备的产品种类也非常多。前面笔者讲过可穿戴设备的产品类型，所以下面就来分别介绍 Glass 类、Watch 类和 Shoes 类所代表的可穿戴设备产品。

1. HoloLens 全息眼镜

HoloLens 全息眼镜是微软公司推出的一款可穿戴设备产品，HoloLens 全息眼镜采用遮阳板样式的头带，重量近 579 克，并能适应不同成年人的头部尺寸。它还集合了全息透镜、深度摄像头、内置耳机等，配备了 2GB + 64GB 的内存，支持蓝牙和 Wi-Fi 连接。如图 11-9 所示，为 HoloLens 全息眼镜。

HoloLens 内置传感器中枢、环境光感器以及 4 个环境感应镜头，还配备了 200 万像素的高清摄像头，以便拍照和录制混合现实视频。在电池续航方面，HoloLens 全系眼镜能够持续使用 2 ~ 3 小时，通过 Micro USB 接口进行充电。

HoloLens 全息眼镜的突出亮点在于它的全息影像技术，可以将虚拟影像和真实环境相结合给用户呈现高清的画面。用户可以通过手势、语音来控制 HoloLens 全息眼镜，而且其音频技术可以为用户营造一个身临其境的环境。

除此之外，HoloLens 全息眼镜还可以给用户带来不错的游戏体验，比如用在射击游戏中用手势就可以模拟向敌人开火。

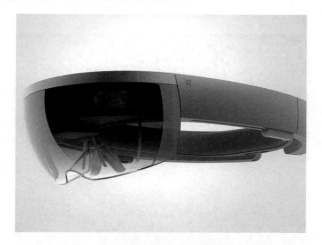

图 11-9　HoloLens 全息眼镜

2．小米手环 5

小米手环 5 是小米公司在 2020 年 6 月发布的一款智能手环，搭载 AMOLED 显示屏，重量约 11.9 克，支持 100 多款主题表盘，拥有 11 种运动模式，电池续航可长达 14 天，采用磁吸充电方案。如图 11-10 所示，为小米手环 5。

图 11-10　小米手环 5

3．SaveOneLife 智能鞋垫

可穿戴设备除了应用于日常生活中以外，还可以应用于军事领域。例如，SaveOneLife 智能鞋垫就是专门为士兵研发的一款可穿戴设备产品，其主要功

能是在士兵靠近地雷时进行提醒，从而避免士兵踩到地雷，达到减少伤亡的目的。如图 11-11 所示，为 SaveOneLife 智能鞋垫。

图 11-11　SaveOneLife 智能鞋垫

11.2.2　物联网在智能建筑中的应用

物联网在智能建筑领域的应用有以下几个方面，如图 11-12 所示。

物联网在智能建筑领域的应用

物联网可以优化现场监控方式，比如通过物联网可以自动追踪、定位员工和机器

物联网可以提高机器设备的工作效率，减少人员成本，加快施工项目的完成

物联网可以提高工作的安全性，比如可穿戴设备可以确保工作环境的安全

物联网可以准确地显示运输车辆的位置和速度，防止信息延迟

物联网可以帮助项目经理提高资源的利用率，降低预算成本，从而更好地完成项目

图 11-12　物联网在智能建筑领域的应用

通过物联网技术在智能建筑领域的应用，可以帮助建筑公司改进和完善项目运营方案，提高盈利能力。例如，利用传感器来监测设备情况并进行维护，这样可以避免更换设备以及工期延误，减少成本和时间。

11.2.3　物联网在智能零售中的应用

物联网在智能零售中的应用典型莫过于无人超市了，如图 11-13 所示。无人超市指的是在没有营业员的情况下，顾客自主完成商品的选购和付款过程。无人超市和无人便利店本质上是一样的，只不过其规模大小不同而已。

图 11-13　无人超市

无人超市采用电子标签、射频扫码、移动支付 3 种核心技术，全天 24 小时无人值守营业。超市内安装了监控摄像头，如果有顾客携带未付款的商品出门，系统就会自动报警，工作人员可以通过监控平台随时查看超市的运行状态。

无人超市的出现不仅是科技进步的结果，还有就是传统零售人工和房租成本的增加，使得传统零售不得不寻求新的商业运营模式。无人超市是传统零售向智能零售转变的一个重要体现，通过和物联网技术的融合，推动消费升级。

无人超市是未来线下零售发展的一个趋势，因此各大企业也纷纷进行布局，例如阿里的天猫无人超市，如图 11-14 所示。天猫无人超市利用图像识别技术、物品识别及追踪技术进行身份审核，完成刷脸进店以及判断消费者的结算意图，在通过智能闸门时完成无感支付。

天猫无人超市应用物联网技术，如电子价签，自动关联商品价格，同步更新线上价格和线下价签。除此之外，天猫无人超市还推出了"Happy 购"情绪营销，根据消费者的情绪进行商品的打折和促销活动。

图 11-14　天猫无人超市

11.2.4　物联网在智慧校园中的应用

下面笔者将从智能门禁、能耗监测和资产管理这 3 个方面来介绍物联网在智慧校园中的应用。

1．智能门禁系统

和传统门禁相比，智能门禁系统可以利用 RFID 技术实现远距离感应，从而达到识别身份的目的。如图 11-15 所示，为智能门禁系统。

图 11-15　智能门禁系统

智能门禁系统应用于智慧校园中学生和老师的考勤，通过在校园一卡通中集成 RFID 电子标签来识别身份，大大地提高了识别的准确率。

2. 能耗监测系统

为了解决漏水漏电的异常情况，运用物联网技术，在水表和电表中加入通信协议，然后将数据传输到数据采集器，最后上传到能耗监测系统进行分析，以发现能耗情况是否正常。

3. 资产管理系统

采用电子识别标签的资产管理系统在进行资产入库、盘点时非常便利，和传统的人工统计相比，效率大幅提高。这种资产管理系统不仅应用在学校里，还被广泛地应用在各大企业。

此外，物联网在智慧校园中的应用还有环境监控、智能照明、智能餐厅以及智慧图书馆等。

11.3　未来趋势：物联网和 5G 的结合

物联网和 5G 通信技术的关系可谓是"如鱼得水"，5G 时代的到来大大推动了物联网技术的发展和应用。5G 更是成为物联网的强有力支撑，为实现万物互联提供了保障。本节笔者就来为大家介绍物联网 + 5G 的应用案例。

11.3.1　5G 远程驾驶

5G 和物联网技术的结合，能够实现远程驾驶。依靠 5G 网络的飞速传输和超低时延，驾驶者完全不用担心汽车屏幕有滞后、操作有延迟，给人们带来了神奇的驾驶体验，如图 11-16 所示。

图 11-16　5G 远程驾驶

11.3.2　5G 机械臂

"5G ＋物联网"的应用在制造业和医疗领域的案例就是 5G 机械臂，通过 5G 网络，5G 机械臂可以实现远程操控，不仅能提高工厂生产效率，还能保证工人的安全。在进行手术时，医疗专家也可以通过远程操控来完成手术。

如图 11-17 所示，为 5G 机械臂。

图 11-17　5G 机械臂

11.3.3　5G 导盲头盔

通过 5G 网络的加持，运用物联网、AI 等技术，5G 导盲头盔可以辅助盲人行走；如果遇到障碍物，传感器会将信息上传到控制系统，以提醒盲人及时调整行走路线。如图 11-18 所示，为 5G 导盲头盔。

图 11-18　5G 导盲头盔